こんなにやさしい
未然防止型
QCストーリー

中條 武志 著

日科技連

まえがき

問題を解決する

　我々の身の回りには、さまざまな「問題」があります。会社や職場でいえば、「市場や客先でクレームが発生する」「工程内不良や設備不具合・故障が多発する」「決められた時間・期間で作業や設計が完了しない」「コスト目標や売上目標が達成できない」「新規事業に失敗する」「顧客満足度が向上しない」「顧客や従業員の死傷事故やヒヤリハットが少なくならない」などです。また、家庭でいえば、「近所との揉め事が絶えない」「料理や掃除がうまくできない」「待合せに遅刻する」「出費がかさみ赤字が出る」「受験や就職に失敗する」「ケガや病気をする」などです。これらは、一言にまとめれば、「結果が期待どおりにならないこと」といえます。「問題」を、現在の結果に関するものか将来の結果に関するものかで、「問題(狭い意味)」と「課題」に分ける場合もありますが、本書では、これらを区別せず、広い意味で問題とよぶことにします。

　問題が起こるのはどうしてでしょうか。世の中のあらゆる物事が因果関係(原因と結果の関係)に支配されていることを考えれば、結果が期待どおりにならないのは、仕事や生活の「プロセス」がまずいからで、プロセスのまずさを変えないまま、起こった結果に対応しているだけでは、問題はなくなりません。なお、ここでいう「プロセス」とは、物、情報、エネルギーなどを受け取って、何らかの処理を行い、受け取る人や組織のニーズ・期待に合ったもの(物、情報、エネルギーなど)に変換して引き渡す活動のことです。会社や職場でいえば、製造だけでなく、企画、設計、開発、営業、サービス、経理、人事、総務などのあらゆる業務が対応しますし、家庭でいえば、近所付き合い、日々の生活、余暇の過ごし方、勉強の仕方などが対応します。

まえがき

したがって、問題が起こらないようにするためには、「プロセス重視」の原則、すなわち結果のみを追うのでなく、結果を生み出すプロセスに着目し、これを管理し、向上させることで望ましい結果を得るという考え方にもとづいて、問題とプロセスとの関係やそれを踏まえた対策を明らかにし、プロセスを積極的に変えていくことが必要です。QC（品質管理）では、これを広い意味で「問題解決」とよんでいます。

QC ストーリーを活用する

問題を解決するために行わなければならないことは単純です。基本的には、

① 問題を認識する
② 問題とプロセスの関係を理解する
③ プロセスを考案する、またはプロセスを変える方法を考案する
④ 考案したことを適用して効果を確認する

という流れになります。これはどんな種類の問題の場合でも同じです。

この流れをわかりやすくするためにもう少し詳細化したものが、「QC ストーリー」です。我々が新しいものに取り組む場合、抽象的に言われるより、「何を行わなければならないか」を具体的に示されるほうが行動しやすくなります。初めは内容がよく理解できていなくても、行動しているうちに体験を通してその本質を理解できるようになります。QC サークル活動が活発になり、より多くの人が参画するようになるにつれて、問題解決における具体的な行動の指針を示すために考え出されたのが QC ストーリーです。

QC ストーリーは、もともと、小松製作所の粟津工場で改善活動の成果を報告する際に従うべき 8 つのステップとして生み出されたものですが[5]、異なる考え方・能力をもった人がチームを編成し、問題解決を進めるうえでの指針としても大いに役に立つことがわかり、今では QC サークル活動をはじめとする小集団改善活動になくてはならないものとなりました。その後、日本のなかでは、取り扱う問題の性質に応じて、問題解決

型、課題達成型、施策実行型などに区分して考えられるようになりましたし、欧米では、ジュラン・インスティチュートの7ステップなどを経て、DMAIC（Define：定義する、Measure：測定する、Analyze：解析する、Improve：改善する、Control：維持する、の頭文字をとったもの）というより単純化されたステップに発展しています[11]。

未然に防ぐ

最近、職場でも社会でも「未然防止」という言葉を頻繁に聞くようになりました。これは、「起こりそうな問題を洗い出し、事前に対策することで、その発生や影響を未然に防ぐ」という意味です。問題解決に多くの人が取り組んできた結果、個々の問題の発生率は非常に低くなりました。反面、これらの問題はあまり顧みられることなく職場や家庭のなかに隠れ、表に現れてきたときには大きな問題となるケースが増えてきました。仕事や日常のなかに隠れた問題を掘り起こし、事前に「プロセス」を改善することが必要になってきたわけです。

未然防止は、「起こった問題」ではなく「起こりそうな問題」を扱うという点が違うだけで、基本は従来の問題解決と同じです。ただ、どう取り組んだらよいのか悩んでいる人も多いと思います。そこで登場したのが「未然防止型QCストーリー」です。これは2008年に『QCサークル』誌の連載講座のなかで提唱されたものです[12]。同誌の2011年8月号や2015年6月号の特集でも紹介され、最近では、体験事例の報告も増えてきました。

本書では、「未然防止」に取り組んでみたい人、「未然防止型QCストーリー」の話を聞いたもののどうしてよいのか悩んでいる人を対象に、未然防止型QCストーリーの活用の仕方についてわかりやすく解説します。未

まえがき

　然防止型 QC ストーリーも他の QC ストーリーと同様、使ってみて初めてその良さや難しさが見えてきます。本書で勉強した内容をもとに、自分の職場や家庭の問題に適用してみてください。

　未然防止型 QC ストーリーは、多くの実務家や研究者の方々と、実際の問題にどう取り組むのがよいのかを議論するなかから生まれました。また、『QC サークル』誌の連載講座や特集を執筆・編集する機会を与えていただいたこと、その内容についていろいろな方々から貴重なアドバイスやご意見をいただいたことも大きかったと思います。本書も、『QC サークル』誌の 2016 年 7 〜 12 月号の連載講座に加筆したものです。また、各章の実践例を作成するに当たっては、タカノ㈱ 急吟着サークル、コニカミノルタサプライズ関西㈱ リバティーサークル、社会福祉法人 永明会 いなぎ苑、㈱コーセー かすみ草サークル、アクシアル リテイリング㈱ ホップステップジャンプサークルの体験事例・運営事例を参考にさせていただきました。さらに、本書の出版に当たっては、日科技連出版社の田中延志氏に大変お世話になりました。これらの各位に対して心から感謝の意を表したいと思います。大変ありがとうございました。

　未然防止型 QC ストーリーが、さまざまな職場における未然防止活動の実践に役立つことを期待しています。

2018 年 1 月

中條　武志

目　　次

まえがき …………………………………………………………… iii

第1章　未然防止型 QC ストーリーとは …………………… 1
1.1　なぜ未然防止が必要なのか　1
1.2　未然防止型 QC ストーリーのステップとポイント　5
1.3　未然防止型 QC ストーリーの適用場面　9

第2章　テーマの選定、現状の把握と目標の設定、活動計画の策定 ………………………………… 14
2.1　テーマの選定　14
2.2　現状の把握と目標の設定　16
2.3　活動計画の策定　20
2.4　実践例　22

第3章　改善機会の発見 …………………………………… 27
3.1　改善機会を発見するには　27
3.2　起こりそうな問題をなるべく多く洗い出す　28
3.3　リスク(危険)の大きさを評価し、対策が必要かどうか判定する　35
3.4　実践例　37

第4章　対策の共有と水平展開 …………………………… 43
4.1　対策案を考えるには　43
4.2　対策案をなるべく多く考える　44
4.3　対策案を評価し、どの対策を行うかを決める　49
4.4　実践例　52

目　次

第5章　効果の確認、標準化と管理の定着 … 59
- 5.1　効果を確認する　59
- 5.2　標準化し、管理を定着させる　64
- 5.3　実践例　70

第6章　反省と今後の課題 … 73
- 6.1　反省と今後の課題　73
- 6.2　実践例　82

第7章　未然防止型QCストーリー　Q&A … 86
- Q1　未然防止が必要な問題とは　86
- Q2　未然防止と再発防止、水平展開との違いは　88
- Q3　ヒヤリハット活動やリスクアセスメントとの関係は　90
- Q4　他のQCストーリーとの使い分けは　92
- Q5　上司や関係者に未然防止活動の必要性を理解してもらうには　94
- Q6　FMEAをもっと簡単に行いたい　96
- Q7　どこまで問題を洗い出すべきですか　99
- Q8　未然防止型QCストーリーを発表することになりました　100
- Q9　未然防止型QCストーリーによる活動を指導する際のポイントは　103
- Q10　未然防止活動は、改善と管理、どちらの活動なのですか　105

参考文献　107
索　引　110

第1章 未然防止型QCストーリーとは

　本章では、未然防止がなぜ必要か、未然防止型QCストーリーのステップとポイント、どんな場面で適用できるかなど、未然防止型QCストーリーの全体像について説明します。少しわかりにくいと感じるところもあると思いますが、その場合は、**第2章**以降の具体的な手順や実践例を学んだ後に、もう一度読み直すとよいと思います。

1.1 なぜ未然防止が必要なのか

(1) パレート図を書いても問題が絞れない

　「問題」を認識し、テーマとして選定するために最もよく用いられる手法がパレート図です。パレート図を書くことで、何が重要な問題で、何が些細な問題かを区別できます。例えば、**図1.1(a)** のようなパレート図が得られれば、問題Aや問題Bに重点を絞って活動を行えばよいことになります。

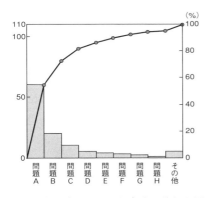

(a)　少数の重要な問題と多くの些細な問題　　　(b)　多くの些細な問題

図1.1　パレート図による問題の絞り込み

ところが、最近では、パレート図を書いても、**図 1.1(b)** のような、些細な問題ばかりが並ぶパレート図しか得られない場合が多くなってきました。横軸の分け方を部品別、時間帯別、工程別、設備別、担当者別といろいろ変えてみても、なかなか**図 1.1(a)** のようなパレート図が得られません。皆さんの会社や職場でもこれに似た傾向は、程度の差こそあれ、現れてきていると思います。

(2)　問題解決を繰り返すことでノウハウが蓄積される

　このようなことが起こるのはどうしてでしょうか。技術が未熟なときには、プロセスと結果の関係に関する十分な知識がないために、問題が発生します。例えば、「材料の強度よりも強い力がかかると壊れる」ということがわかっていないときには、材料にかかる負荷の大きさを気にしないで設計や計画を立てるため、事故やクレームが発生します。このとき、使用している部位など、「負荷の大きさ」に該当するものを横軸にとってパレート図を書けば、**図 1.1(a)** のパレート図が得られます。そこで、データを集めていろいろな分析を行い、負荷の大きさ＞材料強度のときに破壊が起こっていることに気づきます。発生のメカニズムがわかれば対策は単純で、材料強度＞負荷の大きさとなるように設計・計画を立てればよいことになります。これによってパレート図は**図 1.1(b)** の形になります（縦軸方向の高さは当然低くなります）。

　ところが、プロセスと結果の関係に関する我々の知識にはまだまだ不足があって、材料強度以下の負荷でもそれが繰り返しかかると疲労破壊が発生します。負荷の大きさについては設計や計画で配慮しているのでパレート図を書いても**図 1.1(a)** にはならないのですが、「負荷の回数」に関係するものを横軸にとったパレート図を書くと**図 1.1(a)** が得られます。こうなるとしめたもので、重要な問題に焦点を絞って解析を行い、発生メカニズムを解き明かして対策することができます。これによってパレート図はまた**図 1.1(b)** になります。

(3) ノウハウが増えるにつれて設計・計画段階での検討漏れ・検討不足が増える

　上記のようなことを繰り返すことで、プロセスと結果の関係やプロセスに対してとることが望ましい対策についてのノウハウはどんどん増えていきます。理論的には、ノウハウの増加にともなって、問題の発生頻度は限りなく0に近づいていくはずなのですが、そうはならず、あるところで下げ止まってしまいます。これは、問題解決が進み、設計・計画段階で検討すべきノウハウが膨大となるにつれて、それらすべてを考慮することが難しくなり、設計や計画の際の検討漏れ・検討不足が発生するからです。世代交代によって、検討する人がその問題を直接経験したことのない人になれば、この傾向はますます強くなります。

　このようにして発生する問題は、ノウハウの不足によるものではなく、人間が一定以上のものを考慮できないために起こるものですから、技術的に特定の領域に集中して発生せず、さまざまなところで散発的に発生します。結果として、パレート図の横軸の分類の仕方をいろいろ変えてみても図1.1(b)の形にしかなりません。

　それでもやらないよりはましと、上位の問題を取り上げて解析してみると、その発生原因や対策が、会社・職場としてはすでにわかっているものだったということが判明する場合が大半です。漏れていた・不足していた対策を行うことで取り上げた問題は解決できるものの、またどこか別のところで同じことが起こる可能性は残ったままとなります。

(4) 既知のノウハウの検討漏れ・不足が重大事故・トラブルを引き起こす

　ここまで話してくると、「上記のような状況が起こるのはずいぶん問題が少なくなったということだから、後は発生した問題に個別に対応することで十分ではないか」「新人にとってはむしろ良い勉強の場になるのでは」という意見が聞こえてきそうです。

　我々の身の回りでは、顧客・社会のニーズに応えるためにどんどん新し

い技術が開発されていて、それに伴ってプロセスと結果の関係やプロセスを適切なものにする対策についてのノウハウも増えています。これは、コップに水が入りきらず溢れている状態のところにさらに水を足しているようなものです。結果として、すでにわかっているノウハウの検討漏れ・検討不足はますます多くなり、この状態を放置すると、いつかどこかで検討漏れ・検討不足が重なって重大事故や重大トラブルが起こることになります（図 1.2）。

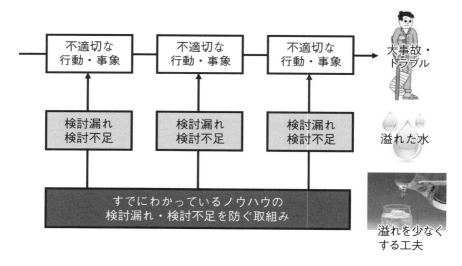

図 1.2　重大事故・トラブルを引き起こすもの

　社会や職場で発生している最近の重大事故・トラブルを調べてみると、一つひとつは大したことのないことが重なって起こっているものがほとんどです。「もっとしっかりしろ」とか、「たまたま運が悪かった」という声が聞こえてくるのはこのためです。しかし、膨大なノウハウをすべて漏れなく不足なく検討するのは、個人の注意力だけでカバーできるものではありません。また、運が悪かったのではなく、検討漏れ・検討不足が日常的に発生している状況を放置していたからそれらが重なったのです。すでに

わかっているノウハウの検討漏れ・検討不足を防ぐための取組みを会社・職場として真剣に進めなければ、会社や職場、ひいては社会に重大な影響を与える事故・トラブルを防ぐことはできません[16]。

1.2 未然防止型QCストーリーのステップとポイント

(1) 未然防止型QCストーリーとは

すでにわかっているノウハウの検討漏れ・検討不足を防ぐ場合でも、「まえがき」で説明した問題解決の基本の流れ、

① 問題(結果が期待どおりにならない事象)を認識する
② 問題とプロセスの関係を理解する
③ プロセスを考案する、またはプロセスを変える方法を考案する
④ 考案したものを適用して効果を確認する

は同じです。その意味では、従来の問題解決型QCストーリーをうまく活用すれば、取り組むことが十分可能です。

ただし、問題の性質がずいぶん違いますので、応用力を働かせることが必要になります。したがって、初心者や中級者にとっては難しく、既知のノウハウの検討漏れ・検討不足による問題を防ぐためには何を行えばよいのか、具体的な取り組み方を手順としてまとめておくほうがわかりやすいといえます。これが表1.1に示す「未然防止型QCストーリー」です。なお、表中のゴシック体は、未然防止型QCストーリーと一緒に用いることで効果を発揮する7つの手法です。

表1.1の内容を従来の問題解決型QCストーリーと比較すると、ステップ4「改善機会の発見」とステップ5「対策の共有と水平展開」が大きく異なっていることがわかります。これらは、問題解決型QCストーリーではそれぞれ「要因の解析」と「対策案の検討」となっていたものです。

未然防止型QCストーリーの各ステップの具体的な進め方やポイントについては、次章以降詳しく見ていくとして、以下ではその基礎、特にステップ4とステップ5の基礎になっている未然防止の基本的な考え方を確認しておきたいと思います。

第1章 未然防止型QCストーリーとは

表1.1 未然防止型QCストーリー

ステップ	ポイント
1. テーマの選定	・顧客(後工程)のニーズや職場の方針を理解する。顧客(後工程)の話をよく聞く。上司とすり合わせを行う。 ・職場の問題(結果に関する期待と現実とのギャップ)を列挙し、改善活動として取り組むものを選ぶ。 ・提供している製品・サービス、行っている業務、使っている設備・機器をリストアップしたうえで、それぞれの量や事故・トラブルの危険性を点数づけする。
2. 現状の把握と目標の設定	・選定したテーマに関する事実を集め、現状を定量的に把握する。 ・ノウハウの不足によるものか、すでにわかっているノウハウの検討漏れ・検討不足によるものかを区別する。人のうっかりミスによるもの、設備・機器の故障によるものなどに分け、問題の頻度・傾向などを把握する。 ・把握した結果にもとづいて目標を設定する。「何を、いつまでに、どこまで改善するか」「どのような体制で進めるのか」を明確にする。
3. 活動計画の策定	・目標を達成するまでの大まかな活動の進め方(1.テーマの設定〜8.反省と今後の課題)を、日程や担当とともに示す。
4. 改善機会の発見	・過去の失敗を収集・整理し、**失敗モード一覧表**を作成する。
過去の失敗の収集と類型化	・テーマとして取り上げた製品・サービス/業務/設備・機器の設計・計画を、**プロセスフロー図/機能ブロック図**などを使って目に見える形に書き出し、検討のしやすい大きさのサブプロセス/サブコンポーネントに分解する。
起こりそうな失敗の洗出し	・**FMEA(失敗モード影響解析)**などを活用し、得られたサブプロセス/サブコンポーネントに失敗モード一覧表を適用し、起こりそうな失敗を洗い出す。 ・洗い出された失敗について**RPN(危険優先指数)**などを求め、対策の必要な失敗を明確にする。

表 1.1 つづき

ステップ	ポイント
5. 対策の共有と水平展開	・過去に成功した対策を収集・整理し、**対策発想チェックリスト**や**対策事例集**にまとめる。
対策案の作成	・対策の必要な失敗に対して対策発想チェックリストや対策事例集を適用し、対策案をできるだけ多く作成する。
対策案の評価・選定・実施	・**対策分析表**などを活用し、作成した対策案について、有効そうなものとそうでないものを振り分ける。 ・有効そうな対策案を組み合わせて最終的な案にまとめ、実施する。
6. 効果の確認	・対策を実施した後に、適切なデータを収集・分析し、その効果を確認する。
7. 標準化と管理の定着	・他の人たちが学べるように活動のプロセスを文書化する、成果を発表する。 ・作業標準書／技術標準書、対策発想チェックリスト、対策事例集、失敗モード一覧表、FMEAなどに反映する。 ・対策が不十分なものは、継続的な監視・検討が必要なものとする。
8. 反省と今後の課題	・活動を振り返り、今後の活動へ活かす。 ・活動を通したメンバーの能力向上・成長を評価する。

(2) 起こった問題ではなく起こりそうな問題を対象にする

　検討漏れ・検討不足の特徴を一言で言えば、「個々の発生頻度は低いものの、あらゆるところで起こる可能性がある」ということです。例えば、起こり得る検討漏れ・検討不足が10,000個あるとします。また、個々の発生率は1/1000とします。この場合、実際に発生するのは10000×1/1000＝10件です。発生した10件の問題をすべて対策したとして、次に起こる検討漏れ・検討不足はいくつでしょうか。答えは(10000−10)×1/1000＝9.999≒10件となります。だまされたと思うかもしれませんが、何度計算してみても同じ結果にしかなりません。これが「モグラたたき」

第1章　未然防止型QCストーリーとは

モグラたたき？

とよばれる状況です。

　上記のようなことが起こるのは、取り組むべき問題が本当は10,000個あるのに10個しか取り組んでいないからです。この状況は「起こった問題」に対応するという姿勢では絶対に抜け出せません。「起こった問題」ではなく、「起こりそうな問題」を対象にすることが必要です。先の例でいえば、10,000個のうち半分対策できれば、次の検討漏れ・検討不足は5件になります。9割対策できれば1件になります。これが「未然防止」です。

(3) 起こりそうな問題を洗い出すには

　「起こりそうな問題はまだ起こっていないのだから予想できないのでは」と思うかもしれません。ところが、過去に起こった検討漏れ・検討不足の例をたくさん集めて横並びにしてみると、同じようなことが繰り返し起こっていることに気づきます。どこかに集中しているわけではないのですが、いくつかの「典型的な失敗の型」があることがわかります。別の人が別の場所で起こしている検討漏れ・検討不足でも、同じ人間が行っていることなので、一定の共通性が出てくるわけです。

　したがって、この共通性をうまく活用してやれば、失敗しそうなところを予測すること、洗い出すことができます。方法は単純で、「典型的な失敗の型」を明確にしたうえで、これを対象となる設計・計画に網羅的に適用し、起こりそうな問題を挙げていきます。網羅的に適用するには、対象を細かく分解しておくことがポイントとなります(**図1.3**(a)参照)。**表1.1**の未然防止型QCストーリーのステップ4「改善機会の発見」がこれに対応します。

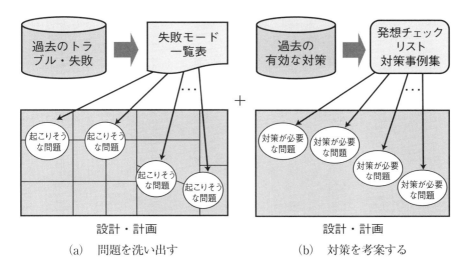

図 1.3 未然防止の基本的な考え方

(4) 多くの対策を短時間で考案するには

　一般には、起こりそうな問題は影響が大きいものに絞っても結構な数になります。未然防止を行うには、これらの問題すべてに対して対策を考案する必要があります。「一つ対策を考えるのでも大変なのに、どうやったらそんなにたくさんの対策を短時間で考案できるのか」という疑問が湧くと思います。ところが、これらの問題は、すべて過去に経験し、誰かがすでに対策を検討したことのあるものの繰返しです。

　したがって、過去に自職場や他の職場・会社で考案・適用され、有効であることが判明した対策を整理しておいてうまく活用してやれば、短時間で効果のある対策を見つけることができます（図 1.3(b)）。表 1.1 の未然防止型 QC ストーリーのステップ 5「対策の共有と水平展開」がこれに対応します。

1.3　未然防止型 QC ストーリーの適用場面

　表 1.1 の未然防止型 QC ストーリーは、1.2 節で述べたような特徴をも

つ問題、言い換えれば検討漏れ・検討不足による問題に対して有効ということになります。典型的な適用場面としては、

- 業務で発生する人のうっかりミスによるトラブルを防ぐ
- 設備や機器で発生する不具合・故障によるトラブルを防ぐ
- ミスや不具合・故障を防ぎ、職場の安全を確保する
- ミスや不具合・故障を防ぎ、業務の生産性を向上させる
- 新製品・新サービスをトラブルフリーで立ち上げる
- めったに起こらない災害などに対する準備を抜かりなく行う

などがあります。

(1) 業務で発生する人のうっかりミスによるトラブルを防ぐ

　我々が行う「業務」はさまざまです。工場であれば、組立、加工、検査、運転、保守、運搬が主なものです。また、事務所では伝票処理、コンピュータを使った入力・書類作成、打合せが、営業店では顧客訪問やその準備、アフターサービス、顧客対応が、技術部門では提案書の作成、CADやCAMを用いた設計が行われています。さらに、スーパーやコンビニ、レストランやホテル、病院・福祉施設、鉄道やバス会社、銀行・保険会社、学校、市役所や自衛隊などでも多様な業務が行われています。これらの業務は「人」がかかわるものがほとんどですから、度忘れや勘違いなどのうっかりミス（ヒューマンエラー）が発生します。

　人のミスは笑い話で済む場合もあれば、品質、コスト、量・納期などに関する重大なトラブルに発展する場合もあります。ミスの発生率は一般に 1/1000 〜 1/100000 といわれていますから、まさに、個々の発生率が低く、あらゆるところで起こる可能性のある問題といえます。業務にとりかかる前に、「起こりそうなミス」を洗い出し、重大な影響を与える可能性のあるものについては対策を行い、トラブルの未然防止を図る必要があります。

（2） 設備や機器で発生する不具合・故障によるトラブルを防ぐ

　業務に影響を与えるもう一つの要素は、設備や機器などです。これらは人と違ってうっかりミスを起こすことはありませんが、物である以上、劣化や摩耗によって「不具合・故障」を起こします。ソフトウェアも物理的に劣化することはありませんが、使用の仕方が変わると隠れていたバグが顕在化し、不具合・故障を起こします。本来ならば、設備・機器の設計・計画の段階で起こりそうな不具合・故障を洗い出し、対策しておくべきなのですが、検討漏れ・検討不足のために、業務を行っている最中に不具合・故障が発生します。皆さんの身の回りでもちょっとした不具合・故障がよく起こっているのではないでしょうか。

　設備や機器の不具合・故障の発生率は人がミスする確率よりも低いのが普通ですが、使用している設備や機器の数が膨大なため、いろいろなものが代わる代わる顕在化します。一つひとつは大したことはないのですが、重なると、品質、コスト、量・納期などに関する重大なトラブルを引き起こす可能性があります。

（3） ミスや故障を防ぎ、職場の安全を確保する

　職場で働く人が怪我をしたり、死亡したりすると、当該の人や職場、ひいては組織の経営に重大な影響を与えます。このような事故は、職場に存在する危険源（ハザード）、危険源に対する防護策の不適切さ、人のミスや設備・機器の不具合・故障などによって防護策が機能しなくなる状況などが気づかれないままになっていたために起こります。

　したがって、事故を防ぐためには、ヒヤリハットや担当者の経験を生かして職場に隠れているこれらの危険をあらかじめ洗い出し、必要な対策を講じておくことが大切になります。その意味では、まさに未然防止型QCストーリーを適用する必要のある問題といえます。

（4） ミスや故障を防ぎ、業務の生産性を向上させる

　ミスによる事故・トラブルが起こる可能性があるということは、業務を

行う人は注意をして仕事をしなければならないということですから、大事故・トラブルにならなくても、業務の効率を相当落としていることになります。チョコ停のように日常的に発生する設備・機器の不具合・故障によって業務の効率化が阻害されている場合もあります。その意味では、事故・トラブルの防止だけでなく、生産性の向上のためにも未然防止に取り組む必要があります。

(5) 新製品・新サービスをトラブルフリーで立ち上げる

　新製品・新サービスといっても、新規の技術にかかわる部分はその一部であり、過去のノウハウの組合せで実現している部分が大半です。そこで検討漏れ・検討不足が起これば、事故・トラブルにつながります。

　デザインレビューなどの場を活用し、新製品・新サービスの設計について、従来経験した失敗に対する対策が抜け落ちなく組み込まれているかどうかを確認し、必要な場合には、追加対策を行う必要があります。また、新製品・新サービスに関するプロセスについても、人のミスや設備・機器の不具合・故障の可能性を洗い出し、重大な事故・トラブルにつながる可能性のあるものについては、対策を講じておくことが必要です。

　このような検討を、新製品・新サービスの設計段階や試作評価の段階で徹底して行うことで、新製品・新サービスの立ち上げ時の事故・トラブルを未然に防ぎ、トラブルフリーを達成することが可能となります。

(6) めったに起こらない災害などに対する準備を抜かりなく行う

　地震・火災・大雨などの災害に対して準備をしているはずなのですが、いざ事が起こると、うまくいかず、悔しい思いをすることがあります。これは、「めったに起こらないこと」が数多くあり、しかも「おそらく起こらないだろう」という考えが先に立ち、実際に起こった場合の対応について抜かりなく検討・準備できていないためです。

　災害を想定したうえで、災害が発生した場合に行う作業や使用する設備・機器について、人のミスや設備・機器の不具合・故障の可能性を洗い

出し、必要な対策を講じておくことが求められます。その意味では、まさに未然防止として取り組むべき問題といえます。

　第2章以降では、**表 1.1** で示した未然防止型QCストーリーの各ステップについて、上で述べたような問題に対する実践例を紹介したいと思います。ただし、未然防止型QCストーリーが適用できるのは、これらに限りません。個々の問題を見ると既知のノウハウをうまく活用していれば防げたと感じられ、発生率の低い問題が代わる代わる起こっているような場面に遭遇したら、未然防止型QCストーリーを活用することを考えてみてください。

第2章
テーマの選定、現状の把握と目標の設定、活動計画の策定

```
1. テーマの選定
    ↓
2. 現状の把握と目標の設定
    ↓
3. 活動計画の策定
    ↓
4. 改善機会の発見
    ↓
5. 対策の共有と水平展開
    ↓
6. 効果の確認
    ↓
7. 標準化と管理の定着
    ↓
8. 反省と今後の課題
```

前章では、未然防止がなぜ必要か、未然防止型QCストーリーのステップとポイント、どんな場面で適用できるかなど、未然防止型QCストーリーの全体像について説明しました。本章では、最初の3つのステップ「1. テーマの選定」「2. 現状の把握と目標設定」「3. 活動計画の策定」について詳しく解説します。ステップの名前としては、問題解決型QCストーリーと同じですが、未然防止ならではのいくつか注意しなければならない点があります。

2.1 テーマの選定

(1) 問題ではなくプロセスを選ぶ

テーマを選定する際、

- メンバーが業務で困っていることや気になっていることに着目する
- 後工程や顧客の話をよく聞く、上司とのすり合わせを十分行う

などが基本になるのは、未然防止型QCストーリーでも同じです。また、理想（ありたい姿）と現実（現状または現状から導かれる将来の予測）との差を考えることも役立ちます。

さらに、これらに加えて、重点志向の考え方をもとに、多くの問題を一度に取り上げないよう、テーマを絞る必要があります。ただし、「すでにわかっているノウハウ（原因や対策）の検討漏れ・検討不足」の場合、個別

の問題まで絞り込んでしまうと、取り上げた問題を解決できても、次々に起こる検討漏れ・検討不足を後から追いかけるモグラたたき状態に陥ります。テーマとして、個別の「問題」ではなく、「プロセス」（問題が多く潜んでいると考えられる領域）を選び、選んだプロセスにおいて起こりそうな問題を漏れなく洗い出して対策する必要があります。

「トラブル・事故の低減」では広すぎますし、「A製品の組立における△△部品の取り付け間違い」では絞り過ぎです。一般には、一つの職場において複数の製品・サービスを扱ったり、複数のタイプの業務を行っていたりしているのが普通なので、これらの製品・サービスや業務のなかから、"量が多く、トラブル・事故の危険性が高いもの"を選ぶとよいでしょう。例えば、「A製品の組立におけるトラブル・事故の低減」といったテーマを選ぶことになります。

(2) 未然防止型QCストーリーのためのテーマ選定表

具体的には、表2.1に示すように、自分たちが扱っている製品・サービスや行っている業務を一覧にしたうえで、それぞれの量やトラブル・事故による危険性の高さをランクづけした結果を一枚の表にまとめるとわかりやすいと思います。

実際に発生している社内トラブル・顧客クレームやメンバーが業務を行うなかで気づいたヒヤリハットなどをもとにテーマを選ぶ場合も、1件1

表2.1 テーマの選定

量：製品・サービスの提供量や業務の量。

トラブル・事故の危険性：トラブルや事故が発生する可能性の高さ。

注）相対的な評価でよい。

製品・サービスや業務	量	トラブル・事故の危険性	総合評価（順位）
A製品の組立	大	中	2
B製品の組立	小	中	4
設備の始業前点検	中	大	1
○○不良の修正	小	大	3
⋮	⋮	⋮	⋮

件のトラブル・クレームやヒヤリハットを、関係する製品・サービスや業務は何かという視点から分類し、その結果をパレート図などでまとめてテーマを決めるとよいでしょう。ただし、勢い、個別のトラブル・クレームやヒヤリハットまで絞り込んでしまいやすいので気をつけてください。

(3) 急がば回れ

従来知られていなかったような、未知のノウハウを解明したい場合には、個別の具体的な問題(トラブル・クレームやヒヤリハットなど)に焦点を絞って要因を深掘りするのがよいので、

- 未知のノウハウを解明することを目指すのか
- すでにわかっているノウハウの検討漏れ・検討不足を防ぐことを目指すのか

をはっきり区分けして取り組むことが必要です。

ただし、最初は、すでにわかっているノウハウの検討漏れ・検討不足だと明確に認識できていない場合もあります。このような場合には、個別の具体的な問題をテーマに取り上げて問題解決型QCストーリーに沿った活動を行ってください。そのような活動を行うなかで、「なーんだ、すでにわかっている原因や対策の検討漏れ・検討不足ではないか」ということに気がついた段階で、未然防止型QCストーリーに切り替えればよいと思います。これは一見無駄に思えるかもしれませんが、このような体験をすることで、未然防止の取組みを行う必要性をメンバー全員が納得することができます。

2.2 現状の把握と目標の設定

(1) 過去の事例を横断的に眺めて同じことの繰返しを見つける

未然防止型QCストーリーといっても、過去に発生したトラブル・クレームやヒヤリハットに関する事実・データを集め、現状を把握することが大切なことに変わりはありません。これにより、どんな"種類"の問題を対象にしなければならないかが明確になります。

2.2 現状の把握と目標の設定

　まず、テーマの選定で絞り込んだ製品・サービスや業務、あるいはそれと類似の製品・サービスや業務において過去に発生したトラブル・クレームやヒヤリハットの事例を集めてください。そのうえで、1件1件について、「何が、いつ、どこで発生したのか」「誰がかかわったのか」「原因は何だったのか」「どのような経過で発生したか」などの5W1Hを明らかにします。過去の記録が残っていない場合には、メンバーが経験したトラブル・クレームやヒヤリハットを思い出し、書き出しても構いません。

　次に、集めた事例を横断的に見て共通する特徴を明らかにします。一つひとつの事例を見ると、もともとの原因は多種多様ですし、最終的な結果もいろいろです。ただし、原因から結果に至る中間くらいのところに着目すると、同じようなことが繰り返し発生していることがわかります（図2.1）。典型的なものとしては、担当者がうっかり忘れる、勘違いするなどの「ヒューマンエラー」、ぶつかる、折れる、摩耗するなどの「設備不具合・故障」などがあります。このような繰り返し起こっていることに着目し、分類してみるとどのような"種類"の問題を対象にしなければならないかが見えてきます。

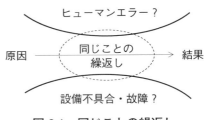

図 2.1　同じことの繰返し

(2)　円グラフを用いて取り組む問題の種類を絞る

　取り組む問題の種類を絞るのには、円グラフや帯グラフを活用するのが便利です。図2.2に例を示します。この図に示すように、
- 事例を、「すでにわかっているノウハウの検討漏れ・検討不足によるもの」と「従来わかっていなかった原因・対策が明らかになったもの」の2つに分ける
- すでにわかっているノウハウの検討漏れ・検討不足によるものを、さらに、「人の不適切な行動がかかわっているもの」「設備の不具合・故障がかかわっているもの」「外部から提供された材料・情報の不

第 2 章　テーマの選定、現状の把握と目標の設定、活動計画の策定

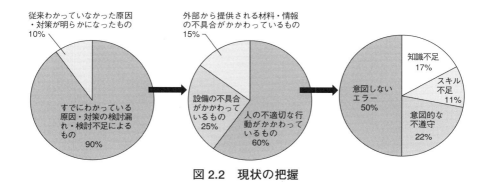

図 2.2　現状の把握

具合・不備がかかわっているもの」など、4M に着目して分ける
- 人の不適切な行動にかかわっているものを、さらに、「知識不足」「知識はあったけれど、そのとおり行うスキルがなかったもの」「まぁ、大丈夫だろうと思って意図的に標準を守らなかったもの」「意図しないでうっかり間違えたもの（ヒューマンエラー）」に分ける

などを段階的に分析することで、どのような（種類）の問題を対象にしなければならないのかが見えてきます。このほか、
- すでにわかっているノウハウの検討漏れ・検討不足によるものを、「定常な業務を行っていた場合のもの」と「異常時（トラブル・事故発生時など）の対応を行っていた場合のもの」とに分ける

ことも有効です。「異常時のヒューマンエラーが多い」となれば、テーマとして選んだ製品・サービスや業務について、異常時の人の行動に着目して起こるかもしれないエラーを洗い出すことになります。

どこまで絞ればよいのか悩むかもしれませんが、次のステップ 4「改善機会の発見」を行ってみて、「あまりにも多くの問題が挙がりすぎて手に負えない」と感じるようであれば、もう少し扱う問題の種類を絞ることを考えるとよいと思いますし、逆に「あまりにも少数の問題しか網にかからず、本当に扱いたい問題を見逃している」と感じるようなら、問題の種類を広げることを考えるとよいと思います。魚釣りにたとえて、テーマの選定は漁場を選ぶこと、現状の把握はとりたい魚の種類を決めることと考え

るとイメージしやすいと思います。

(3) 目標を設定する

目標の設定は、
- 何を：ヒューマンエラーに起因する○○製品のクレーム、設備不具合・故障に起因する○○工程のトラブルなど
- いつまでに：来年の3月までなど
- どの水準にするか：90%低減、10ppm以下、ゼロなど

を決めます。あわせて、
- どのようなメンバーやチームで取り組むか：○○サークルと合同で取り組む、○○課に協力を依頼するなど
- 目標を達成する意義：顧客の信頼を得る、生産性を向上させる、安心して作業ができるようにするなど
- 達成手段の大枠：エラープルーフ化の推進、設備点検方法の工夫・改善など

についても明らかにしておくとよいと思います。

　上記のうちの、「何を」については、最終的なクレームやトラブル、事故の件数・発生率に加えて、これらの原因となっているヒューマンエラーや設備不具合・故障などの件数・発生率についても目標を設定しておくとよいでしょう。これは、最終的な結果になればなるほど発生率が低く、効果の確認が難しくなるからです。また、効果の確認のところで詳しく説明しますが、ステップ4で行うリスクの大きさの評価値（RPNなど）を用いて目標を定めるのもよい方法です。

　新製品・新サービスの立上げなどの場合には、まだプロセスも決まっておらず、問題も発生していないのだから、ねらう「水準」を決めるのは難しいと感じるかもしれませんが、類似の製品・サービスや類似のプロセスの実績を参考に、挑戦的な目標を定めてください。

2.3 活動計画の策定

(1) ガントチャートを用いてスケジュール・担当を決める

活動計画は問題解決型 QC ストーリーの場合と同じです。未然防止型 QC ストーリーのステップを考え、目標達成までに行う大まかな活動の流れを決めます。詳細なステップまでブレークダウンする必要はありませんが、「どのようなステップに沿って活動を進めるのか」「それぞれのステップをいつまでに行うのか」「誰が担当するのか」を、ガントチャートなどを用いて一覧表にまとめます。図 2.3 に一例を示します。

ステップ	〇月	〇月	〇月	〇月	〇月	担当
1. テーマの選定	→					全員
2. 現状の把握と目標の設定	→					内海・高橋・川井
3. 活動計画の策定	→					全員
4. 改善機会の発見		→				山西・鎌田・田部井
5. 対策の共有と水平展開			→			小村・大沢・会沢
6. 効果の確認				→		内海・高橋・川井
7. 標準化と管理の定着					→	本間・新開
8. 反省と今後の課題					→	全員

図 2.3　活動計画の策定

未然防止型 QC ストーリーについては、メンバー全員が必ずしもよくわかっていない場合も多いと思います。各ステップについてどのようなことを行うことになるのか、十分すり合わせておくのがよいでしょう。特にステップ 4 やステップ 5 は、問題解決型とはかなり違いますので、その手順やポイントを理解しておく必要があります。QC サークル誌などに掲載されている体験事例や解説記事をみんなで勉強するのもよいと思います。これにより、どのような活動を行うのかというイメージを全員がもつことができ、主体的に考えたり、行動したりすることができるようになります。

(2) どのくらいの期間を考えればよいのか

　各ステップにどのくらいの期間を見込むかは、会合の頻度などにもよると思いますが、ステップ4とステップ5には一定の時間がかかると考えてください。ステップ4の「改善機会の発見」では、テーマの選定で決めた製品・サービスや業務について、現状の把握で絞った問題の種類を対象に、"起こりそうな問題"を洗い出すことになります。行うことは単純ですが、時間がかかります。

　他方、ステップ5の「対策の共有と水平展開」では、対策の必要な問題について一つひとつ対策を考えていきます。ステップ1～4がうまくいっていれば対策が必要な問題を相当数洗い出しているのが普通ですので、これも力仕事です。

　期間を見積もるのが難しいと思いますが、「ステップ4とステップ5に同じくらいの時間をかける」「全体の活動期間の2/3程度を割り当てる」ことを目安にするとよいと思います。なお、慣れてくると、ステップ4とステップ5はいくつかのパート（部分）に分けて進めることも可能ですので、図2.3の例のようにステップ4とステップ5の期間をオーバーラップさせても構いません。例えば、「パート1のステップ4を行う→パート1のステップ5を行う→パート2のステップ4を行う→パート2のステップ5を行う→パート3のステップ4を行う→パート3のステップ5を行う」などです。

　ステップ6の「効果の確認」も、未然防止型QCストーリーの場合は注意が必要です。短期的な効果の確認と長期的な効果の確認を分け、後者については活動終了後一定期間経った後に別に分けて行うのがよいでしょう。例えば、トラブルや事故の件数は短期的に見れば0となるのは当たり前ですから、活動終了時の評価では問題の発生しやすさや発生した場合の影響の大きさが低くなったことを用いて効果を確認し、活動が終了した半年後にトラブル・事故件数0を維持できていることを確認するわけです。ステップ7の「標準化と管理の定着」についても同様の工夫をするとよいとでしょう。

2.4 実践例

(1) 業務で発生するヒューマンエラーや技能不足によるトラブルを防止する

○○支店のAサークルは、顧客からの注文を受けたり問合せに応えたり、見積書や納品書の作成や発送を行ったり、工場への生産の依頼や部品の手配を行ったり、在庫の管理を行ったりしています。ところが、製品の送り先が間違っていたり、必要な書類を付け忘れたり、問合せにすぐに応えられなかったりして、顧客に迷惑をかけることが少なくありません。

そこで、自分たちが行っている業務を書き出し、それぞれの業務について、「業務の多さ」「顧客にとっての重要度」「自分たちがどれだけ自信をもって行えるか」をランクづけしました。結果として、顧客からの注文を受けたり問合せに応えたりする顧客対応に関するものが1位となったため、「顧客対応業務におけるトラブル件数の低減」をテーマに活動を開始しました（表 2.2）。

表 2.2 取り組む業務の選定

業務	業務量	重要度	不安度	総合評価
顧客対応業務	3	3	3	27
書類の作成・発送	3	2	2	12
工場・供給者対応業務	2	3	2	12
在庫管理	1	2	2	4
⋮	⋮	⋮	⋮	⋮

現状の把握としては、過去にメンバーが経験したトラブルを、記憶を辿りながら1件1件書き出し、「①標準を知っていたか」「②標準どおりに作業できるか」「③標準を守るつもりだったか」の3つの質問によって分けたところ、「うっかり間違えたもの」「業務についての技能が不足していること」が原因となっているものが多いことに気づきました（図 2.4）。そこ

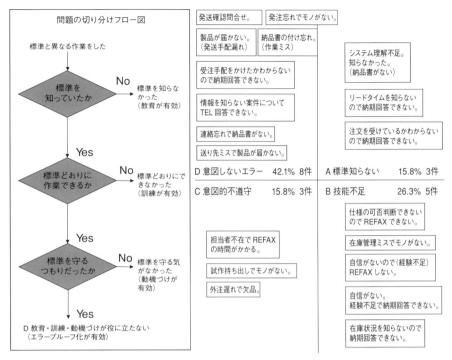

出典　タカノ株式会社・急吟着サークル(2010):「受発注時のトラブルを防ごう　受発注業務の見える化」,『QCサークル』2010年5月号、No.586、p.33、図・4を参考に作成。

図2.4　過去のトラブルにもとづく現状の把握

で、「ヒューマンエラー」と「技能不足」の2つを、取り組む問題の種類とすることにしました。

目標は、「顧客対応業務における、ヒューマンエラーと技能不足に起因するトラブル件数を現在の50%以下に低減する」ことと決めました。

(2) 設備の不具合・故障による生産ライン停止を防ぐ

○○技術課のBサークルは、多数の設備を活用しながら機械製品の加工・組立を行っている工程に責任をもっています。毎月、生産ラインの停止についてパレート図を作成し、上位の不良項目について原因の追究・対

策を行っていますが、設備の不具合・故障に起因するものが少なくありません。実際、過去に自分たちが取り組んだ改善事例を見ても、大半は設備が適切な状態になっていれば防げたものです。

生産ラインの停止を調べてみると月によって多い・少ないはありますが、毎月数件の停止が散発的に発生していました。発生の度、不具合・故障の原因を調べて修理・復元しているのですが、同じような不具合・原因が繰り返し発生しています。そこで、自分たちが担当する設備をリストアップし、それぞれの設備について不具合・故障の発生頻度と生産ラインの停止に与える影響の大きさをランクづけしたところ、△△設備と××設備の危険性が高いことがわかりました。このため、「△△設備と××設備における設備起因の生産ライン停止の撲滅」をテーマに選ぶことにしました。

過去の生産ライン停止のうち、設備の不具合・故障によるものを集めてその内容を調べたところ、「物の干渉によるもの」「センサーの作動不良によるもの」「構成部品の破損・劣化によるもの」などに分かれること、部品の劣化・摩耗が大半を占めていることがわかりました。そこで、目標を、「△△設備と××設備における構成部品の破損・劣化による生産ライン停止を0にする」ことに決めました。

(3) ヒューマンエラーを防ぎ、職場の安全を確保する

○○スーパーのCサークルは、青果部門を担当しており、材料を加工して商品を用意したり、陳列・販売などを行ったりしています。切傷や腰痛・ギックリ腰のヒヤリハットが多く、安全な職場の実現を目指して未然防止型QCストーリーに取り組むことにしました。

過去の安全にかかわるヒヤリハットをパレート図により分析したところ、切傷と腰痛・ギックリ腰が約50％を占めることがわかりました。また、「どの業務で発生しているのか」を調べたところ、品出し作業が多いこともわかりました。さらに、切傷に関する過去のヒヤリハットの内容をより詳細に調べてみると、技術的に未知の原因によるものはなく、その大

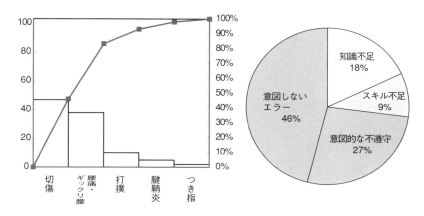

出典) アクシアル リテイリング株式会社・ホップステップジャンプサークル (2016):「品出し作業における、切傷事故の防止」、『第94～97回TQM発表大会 変革への挑戦』、アクシアル リテイリング、pp.18～19 を一部修正.

図 2.5 ヒヤリハットの分類

半は人の問題で、意図しないヒューマンエラーや意図的な不遵守が主な原因でした(図 2.5)。そこで、「3 カ月間で、品出し作業における意図しないヒューマンエラーによる切傷に関するヒヤリハットを 0 件にする」という目標を立て、活動に取り組むことにしました。

(4) 新製品の立上げにおける問題を未然に防ぐ

○○工場の D サークルは、化粧品の充填包装仕上げを担当しています。市場でのヒットが期待される大型の新製品が立ち上がる予定で、従来の倍近い生産量になることが予想されており、「設計部門や生産技術部門との密接な連携を図り、設計どおりの品質とコストが達成できる量産体制を期日までに確立する」という上位方針が示されています。

10 工程に 10 人を配置する計画を立て、工程シミュレーションを行ったところ、さまざまな問題に起因する作業時間のばらつきが発生し、目標の生産量を期日までに達成できそうにありません。そこで、各工程で起こりそうな問題を洗い出して事前に対策することで、工程を安定させ、求めら

れている「生産量 20 個／分(既存類似製品の生産量 15 個／分)を 5 カ月間で達成する」という目標を定めました。

(5) めったに起こらない災害などに対する準備を抜かりなく行う

　○○総務部の E サークルは、従業員が安全に安心して仕事できるようにすることをねらいにさまざまな改善活動に取り組んでいます。

　社長から「災害発生時の対応について検討してほしい」という依頼があったため、サークル活動で取り組むことにしました。災害時の対応といってもさまざまなので、みんなで考えられる災害を思い付くままに列挙し、「発生した場合の影響の大きさ」「対応が十分できているかどうか」でランクづけし、地震を選ぶことにしました。そのうえで、考えられる最大のものを想定し、発生時にどのような対応が必要になるかを時間の経過に沿って挙げていき、十分検討できているかどうかを評価しました。結果として、地震発生直後の対応については明確になっているものの、その後の復旧が完了するまでの全体については十分検討できていないことがわかりました。そこで、「地震発生後から復旧完了までの安全の確保」をテーマに決めました。

　過去の事例といっても自分たちの身近には参考になるものがなかったので、他社の事例を手分けして調べることにしました。ヒヤリハットを含めていろいろな体験談が集まったため、これらを「どのような種類の問題が多いのか」という点から整理してみました。すると、環境が整わないなかで、慣れない作業を行うために起こる「人の行動」や「設備の不具合」が原因の大半であることがわかりました。そこで、これらを防ぐべき問題の種類として定め、「地震発生後から復旧完了までにおける人の行動や設備の不具合による事故のリスクを通常作業と同程度にする」という目標を設定しました[1]。

1）　本章を含め、各章の最後に記載した実践例は、『QC サークル』誌に掲載された、または QC サークル大会で発表された実際の体験事例・運営事例を参考にして、作成したものです。実際の事例については、元の記事や要旨を参照してください[26]〜[30]。

第 3 章
改善機会の発見

前章では、未然防止型 QC ストーリーの最初の 3 つのステップについて説明しました。本章では、未然防止型 QC ストーリーのなかで最も重要なステップの一つである「4. 改善機会の発見」について詳しく見ていきたいと思います。問題解決型 QC ストーリーや課題達成型 QC ストーリーと大きく異なるステップで、ここが適切に行えるかどうかで得られる成果が大きく変わってきます。

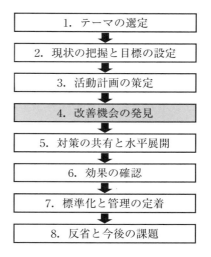

3.1 改善機会を発見するには

「改善機会の発見」というのは少しわかりにくい表現ですが、「改善機会の発見＝対策の必要な問題を見つけること」と考えるとよいと思います。このためには、

① 起こりそうな問題をなるべく多く洗い出す
② 洗い出した問題のリスク（危険）の大きさを評価し、対策が必要かどうか判定する

ことが必要になります。

このうち、①については、あらゆる問題を考えるのは現実的ではないので、テーマの選定で選んだ「プロセス」について、現状の把握と目標の設定で絞り込んだ「種類」の問題を洗い出します。ここでの難しさは、いかに抜け落ちなく起こりそうな問題を洗い出すかです。単に過去に起こった

問題のみを列挙するのではモグラたたきから抜け出せません。これを克服するためには何らかの"系統的"な方法が必要となります。**失敗モード一覧表**と**プロセスフロー図／機能ブロック図**、両者を結びつけるための**FMEA**(Failure Mode and Effects Analysis、**失敗モード影響解析**)などのツールをうまく活用することが大切です。

②については、リスクの評価がポイントです。「リスク(Risk)」とは、起因となる事象(ヒューマンエラー、設備不具合など)とそれによって引き起こされる影響(トラブルやクレーム、事故など)の組合せのことです。ここでの難しさは、まだ起こっていない事象の発生頻度や影響の致命度をどう見積もればよいかです。厳密な評価を行うことは難しいので、経験や過去の知見にもとづいて予想する方法が必要となります。**RPN**(Risk Priority Number、**危険優先指数**)などのツールをうまく活用することが大切です。

3.2 起こりそうな問題をなるべく多く洗い出す

(1) 基本的な考え方

われわれが「問題が起こりそうだ」と気づくのはどうしてでしょうか。例えば、車の運転を考えてみましょう。初めての道路を運転していても、「子供が飛び出しそうだ」とか、「隠れた障害物にぶつけそうだ」と気づくのはどうしてでしょうか。このような気づきは、過去に事故を起こした経験や冷やっとした経験、他の人から聞いた失敗談などを"子供の飛び出し"や"隠れた障害物"という一般的な形で理解したうえで、それを自分が直面している今の場面(初めての道路)に当てはめて考えることによって生まれます。

したがって、起こりそうな問題を洗い出すためには、

- 過去に経験した問題の事例を集めて整理し、一般化する
- 一般化したものを対象とするプロセスに当てはめる

を系統的に行えばよいことになります。

(2) 失敗モード一覧表

　過去のトラブル、クレーム、ヒヤリハットなどの事例を集め、それらを横断的に眺めると、繰り返し同じことが起こっていることがわかります。例えば、組立作業における不良の事例を集めて横断的に眺めてみると、抜け、選び間違い、認識間違い、位置の間違い、不正確な動作などのヒューマンエラーが繰り返し発生しています。また、設備不具合の事例を集めて横断的に眺めると、変形、破損、摩耗、腐食、表面きず、ゆるみ、がた、固着、異物混入、漏れなどの故障が繰り返し発生しています。これら繰り返し起こっている失敗の"型（Mode、モード）"を整理したものが「失敗モード一覧表」です。モードは音階や最頻値（最も頻繁に現れるデータ）の意味でも使われますが、何かを行うときの特定のやり方、何かの特定のタイプなどを意味し、様式、流儀、流行などとも訳されます。表 3.1 に組立作業におけるヒューマンエラーについての失敗モード一覧表の例を示します。

　失敗モード一覧表の作り方は簡単です。トラブル、クレーム、ヒヤリハットなどの事例を集めたうえで、似たもの同士に分類し、キーワードにまとめるだけです。この際、親和図法などを用いると効果的です。ただし、気をつけなければならないのは、一つの事例には、

① 結果であるクレームや事故
② その直接の原因となった製品・サービスや設備の不具合・故障
③ 不具合・故障を生み出した人の行動（ヒューマンエラーなど）
④ 人の行動を引き起こした知識・技能の状態や作業方法の性質

など、複数の情報が混在していることです。したがって、これらを区別したうえで、②なら②、③なら③に着目して分類を行う必要があります。なお、気づくためのヒントを与えてくれるようなキーワードが得られればよいので、個々の事例がどの型に分類されるかを厳密に切り分ける必要はありません。

　失敗モードは、ヒューマンエラーに着目して整理した場合には「エラーモード」、製品や設備などの故障に着目して整理した場合には「故障モード」というように、状況に応じてさまざまな呼び方がなされています。

表3.1 失敗モード一覧表の例（組立作業でのヒューマンエラー）

分類		失敗モード	対応するヒューマンエラーの例
作業の進捗のエラー	記憶エラー	① 抜け	・部品・材料を取り忘れる ・ボタンやスイッチの操作を忘れる ・指示忘れ、確認忘れ、記録のとり忘れ
		② 回数の間違い	・すでに終わった作業を重複して行う ・決められた回数よりも多く、または少なく行う
		③ 順序の間違い	・前後の作業の順序を逆に行う
		④ 実施時間の間違い	・決められた時間よりも早く作業する ・決められた時間よりも遅れて作業を始める
		⑤ 不要な作業の実施	・禁止された作業を行う ・不必要な作業を行う
作業の実施のエラー	知覚判断エラー	種類・数量の誤認	
		⑥ 選び間違い	・部品・材料を選び間違える、ボタンやスイッチを選び間違える ・指示票や見る欄を選び間違える ・人の識別を間違える
		⑦ 数え間違い、計算間違い	・物を数え間違える ・量を計算し間違える
		状態の誤認	
		⑧ 見逃し	・情報を見逃す ・危険やその兆候を見逃す
		⑨ 認識間違い	・物や人の状態・有無を誤認する ・指示票や計器を読み間違える ・情報を聞き間違える
		⑩ 決定間違い	・情報にもとづく処置の決定を間違える
		なすべき動作の誤認	
		⑪ 動作位置・方向・量の間違い	・部品・材料のセット位置・方向、運搬先を間違える ・スイッチの操作を間違える ・挿入角度や締め付け力を間違える
		⑫ 保持の間違い	・物の誤った箇所を持つ ・間違った持ち方をする
		⑬ 記入・入力の間違い	・指示票への記入を間違える ・コンピュータへの入力を間違える
	動作エラー	⑭ 不正確な動作	・物をずれた位置にセットする ・不正確な切断、挿入、締付けを行う
		⑮ 不確実な保持	・物の固定を不確実に行う ・物を誤って落とす
		⑯ 不十分な回避	・物をぶつける ・つまずく、落ちる、誤って触れる

(3) プロセスフロー図／機能ブロック図

　過去に経験した問題を一般的な形に整理することは問題に気づくための第一歩ですが、これだけで起こりそうな問題に気づくわけではありません。整理したものを対象としている「プロセス」に網羅的に当てはめて、具体的に何が起こるかを考えることが必要です。

　このとき、場当たり的な当てはめにならないよう、「対象となるプロセスが目に見える形になっていること」「細かい要素に分けられていること」が大切です。例えば、出庫作業という抽象的な形で考えているだけではなかなかイメージが湧かず、問題に気づきませんが、作業の流れをフロー図に表し、「指示票を見る」「部品箱を取る」「必要な数の部品を取り出す」「出庫箱に指示票と部品を入れる」などの細かいプロセスに分け、それぞれのプロセスでどのような問題が起こるかを考えることで、気づきが生まれます。このようなときに役立つのが、「プロセスフロー図／機能ブロック図」です。**図 3.1** にプロセスフロー図の例を、**図 3.2** に機能ブロック図の例を示します。

　プロセスフロー図は、工程や業務などの"活動"に着目し、その構成要素（プロセスやサブプロセス）の間の関係をインプット／アウトプットのつながりに着目して書き表したものです。構成要素を四角形（□）で、構成要素へのインプットや構成要素からのアウトプットを矢印（→）で表すのが普通です。

　他方、機能ブロック図は、製品や設備などの"物"に着目し、その構成要素（コンポーネントやサブコンポーネント）の間の関連をそれぞれが相互に果たしている機能（働き）に着目して書き表したものです。構成要素を四角形（□）で、構成要素が果たしている機能を矢印（→）で表します。

　プロセスフロー図／機能ブロック図を用いることで、対象としている工程や業務、製品や設備を見通せるようになるとともに、各々の細部を、全体における位置づけを理解したうえで、詳細に議論することができるようになります。

　一般に、工程・業務や製品・設備はどのようなサイズに分けることもで

第3章　改善機会の発見

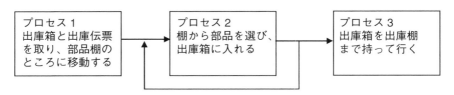

図 3.1　プロセスフロー図の例（出席作業）

きます。大きく分けると、内容が曖昧になったり、一つの要素に対して列挙すべき問題の数が多くなったりするため、抜け落ちの可能性が大きくなります。他方、細かく分けると、失敗モード一覧表を適用する要素の数が多くなるために分析に時間がかかります。また、最初から細かく分けようとすると不必要な細部を追いかけることになりやすく、時間を浪費することになります。このため、**図3.1**や**図3.2**に示すように、まず、全体を少数のプロセス／コンポーネントに書き下したうえで、各プロセス／コンポーネントをより細かいサブプロセス／サブコンポーネントへと分解するという段階的なアプローチをとるのがうまいやり方です。

3.2 起こりそうな問題をなるべく多く洗い出す

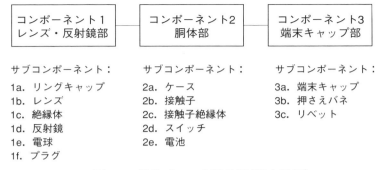

図3.2 機能ブロック図の例（懐中電灯）

(4) FMEA 表

　失敗モード一覧表とプロセスフロー図／機能ブロック図ができたら、両方を使って起こりそうな問題を洗い出します。

　プロセスフロー図／機能ブロック図の各サブコンポーネント／サブプロセスに、失敗モード一覧表の失敗モードを当てはめ、起こりそうな「失敗」(問題の起因となる事象)を考えます。このとき、何らかのフォーマットがあると検討が行いやすくなります。これがFMEA表です。**図3.3**に適用のイメージを、**表3.2**にできあがったFMEA表の一部を示します（「影響」以下の列については次の章で説明します）。

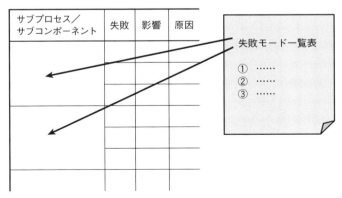

図3.3　失敗モード一覧表適用のイメージ

33

表3.2 FMEA表の例（出席作業）

No.	サブプロセス	失敗	影響	発生原因	発生度	致命度	検出度	RPN
2a	部品番号を端末に入力する	番号欄の見間違い	欠品	1枚に複数部品が記載	2	3	2	12
		入力間違い	異品出庫	入力桁が多い	3	4	3	36
2b	端末に表示されるトレー番号を見る	抜け	異品出庫	付随的作業	2	3	2	12
		違う番号を見る	異品出庫	―	1	4	3	12
		番号の見間違い	異品出庫	数字が小さい	2	4	3	24
2c	パレットからトレーを選ぶ	抜け	欠品	中断が入る場合がある	2	3	2	12
		パレット違い	異品出庫	複数のパレットがある	2	4	3	24
		トレーの取違い	異品出庫	トレー位置がよく見えない	3	4	3	36
2d	トレーの部品番号を照合する	抜け	異品出庫	付随的作業	4	2	4	32
		相違に気づかない	異品出庫	桁数が多い	4	2	4	32
2e	部品を取る	抜け	欠品	中断が入る場合がある	2	3	4	24
		数え間違い	員数不足／あまり	―	1	3	4	12
2f	出庫箱に入れる	一部入れ損う	員数不足	―	1	3	4	12
2g	出庫済み欄にマークを付ける	抜け	重複出庫	付随的作業	2	3	4	24
		別の欄に付ける	重複出庫／欠品	1枚に複数部品が記載	1	3	4	12
2h	トレーをもとに戻す	抜け	異品出庫	付随的作業	2	4	2	16
		別の場所に戻す	異品出庫	トレーが複数ある、動く	2	4	4	32

例えば、**図 3.1** のサブプロセス 2b「端末に表示されるトレー番号を見る」に対して、**表 3.1** の失敗モード一覧表を当てはめると、「抜け（番号を見忘れ、前に見た番号をそのまま使う）」（失敗モード①）、「違う番号を見る」（失敗モード⑥）、「番号の見間違い」（失敗モード⑨）など、当該のサブプロセスで起こりそうなエラーを系統的に挙げることができます。絶対ありそうもないものは無理に考える必要はありませんが、可能性のあるものはすべて列挙していくことが大切です。

なお、「失敗」の欄に書き込むときには、「抜け」「選び間違い」「認識間違い」などの失敗モードをそのまま記入すると抽象的で何を意味しているのかわかりにくくなりますので、それぞれの状況に合わせて具体的な表現に直してください。同じ「抜け」でも、全部の作業を抜かす場合もあれば、一部を抜かす場合などがあります。同じ認識間違いでも、見間違いもあれば、聞き間違いもあります。なるべく具体的なイメージが湧く表現にしておくのがポイントです。

3.3 リスク（危険）の大きさを評価し、対策が必要かどうか判定する

一般に、洗い出される、起こりそうな失敗の数は非常に多く、これらをすべて対策することは経済的ではありません。それぞれの失敗のリスク（危険）の大きさを見積もり、対策の必要なものとそうでないものを切り分ける必要があります。こんなときに用いられるのが RPN です。RPN は、

① 発生度：失敗の発生の可能性
② 致命度：失敗が引き起こす影響の致命度
③ 検出度：失敗の発生を、重大な影響を引き起こす前に検出できない度合い

の 3 項目に分けて、それぞれ独立に 3 ～ 10 段階で点数づけし、その積を用いてリスクの大きさを評価する方法です。

このとき、起こっていない失敗や影響について評価する必要があるため、どうしてもばらつきが生じやすくなります。このため、**表 3.3** のような点数づけの基準をつくっておくと関係者の間での合意が得やすくなり

表3.3　RPNを求めるための点数づけの基準の例

項目	点数	定義
発生度	1	めったに：発生しそうにない（数十年に1回発生する可能性がある）。
	2	まれに：発生するかもしれない（数年に1回発生する可能性がある）。
	3	ときどき：おそらく発生する（1〜2年に数回発生する可能性がある）。
	4	頻繁に：すぐにあるいは短期間のうちに発生しそう（1年に数回起こる可能性がある）。
致命度	1	軽微な影響：顧客への影響がない。手直しも容易。
	2	中度の影響：顧客への影響はない。ただし、中程度の手直しが必要。
	3	重度の影響：顧客への影響がある。あるいは大きな手直しが必要。
	4	破局的な影響：顧客に対し重大な影響があり、信用の失墜につながる。
検出度	1	有効な検出の手段がある：失敗の発生を自動的に検出・コントロールする工夫がされている。
	2	目で見てすぐにわかる：失敗の発生が明白で、業務を終える前に担当者が気づく。
	3	確認を行っている：確認を行っているが、見逃しが起こる可能性がある。
	4	出不可：検出の機会がなく、失敗がすぐに影響の発生につながる。

ます。また、発生度や致命度を厳密に評価するには、FMEA表の「原因」や「影響」の欄をはっきりさせる必要がありますが、すべての失敗についてこれを行うのは時間がかかります。最初におおよその点数づけを行い、RPNが大きいものについてだけ、厳密に議論するのも一つの方法です。なお、影響を考える際には、プロセスフロー図／機能ブロック図を目の前において議論するとわかりやすくなります。

　RPNは、「大きければ対策が必要、小さければ不要」と判断します。この際、大きいほうからいくつというように決めるのは適切ではありません。RPNの大きいものは、放置すると、いつか重大なトラブル・事故につながる可能性があります。他方、どんなに小さいRPNでも対策を考え

るというのも適切な立場ではありません。どんな小さなリスクも認めないような職場では、まだ起こっていないけれど、起こりそうなことについて議論することが難しくなります。したがって、容認できないリスクの大きさの最低値を定め、それ以上のものはすべて対策が必要なものとするのがよいでしょう。容認できないリスクの大きさの最低値は職場や問題により異なると思いますが、10段階で評価しているときは「10 × 10 × 1、10 × 1 × 10、1 × 10 × 10=100以上のものについて対策を行う」としている場合が多いようです。これは「一つの項目が最良の状態でも、他の2つの項目が最悪の場合は対策をとる」という意味です。4段階で評価している場合には、「4 × 4 × 1、4 × 1 × 4、1 × 4 × 4=16以上のものについて対策を行う」ということになります。

3.4 実践例

(1) 業務で発生するヒューマンエラーや技能不足によるトラブルを防止する

〇〇支店のAサークルは「顧客対応業務におけるヒューマンエラー・技能不足によるトラブルの低減」をテーマに活動を始めました。

まず、ヒューマンエラーや技能不足によって顧客に迷惑をかけた事例を集め、人の行動に着目して、①抜け、②見落とし、③見間違えなどの失敗モード一覧表に整理しました。そのうえで、受注から出荷までの業務の流れをフロー図にまとめ、それぞれのプロセスを、検討しやすいように細かいサブプロセスに分解しました。さらに、失敗モード一覧表を使いながらサブプロセスごとにどんな失敗が起こり得るかをメンバー全員で意見を出し合い、FMEA表に書き込みました（表3.4）。最後に、①発生度、②致命度、③検出度を4段階で点数づけできるよう評価基準を定義し、それぞれの失敗のリスクの大きさを求めました。

結果として、起こしそうな失敗は全部で40個以上あり、そのうち18点以上のものが20個もあることがわかりました。

表3.4　FMEAによる起こしそうな失敗の洗出しとリスクの大きさの評価（一部）

プロセス	サブプロセス	失敗	影響	原因	発生度	致命度	検出度	RPN
お客様からの注文を受ける	注文書の内容を確認する	書類紛失	失注	中断	2	4	4	32
		見落とし	納期遅れ	忙しい	2	4	3	24
		見間違え	納期遅れ	時間がない	3	4	4	48
	過去の実績を確認する	見落とし	間違った情報を与える	勘違い	2	2	2	8
		見間違え	無駄な工数がかかる	忙しい	2	2	2	8
	製品仕様一覧表を確認する	見落とし	間違った情報を与える	一覧表が紛らわしい	2	2	2	8
		見間違え	無駄な工数がかかる	技能不足	2	2	2	8

出典）タカノ株式会社・急吟着サークル（2010）：「受発注時のトラブルを防ごう　受発注業務の見える化」、『QCサークル』2010年5月号、No.586、p.34、表・2と図・6を参考に作成。

（2）　設備の不具合・故障による生産ライン停止を防ぐ

　〇〇技術課のBサークルは「設備起因による生産ライン停止の撲滅」をテーマに活動を始めた。

　設備不具合・故障については過去に整理した故障モード一覧表があったため、これをそのまま使うことにしました。そのうえで、設備を構成するコンポーネントを機能ブロック図にまとめ、各コンポーネントを、検討しやすいようにさらに細かいサブコンポーネントに分解しました。さらに、故障モード一覧表を使いながら部位ごとにどんな不具合・故障が起こり得るかをメンバー全員で議論し、FMEA表に書き込みました（表3.5）。最後に、①発生度、②致命度、③検出度をそれぞれ4段階で点数づけできるよう評価基準を定義し、洗い出した故障のリスクの大きさを求めました。対策が必要な不具合・故障は、過去に発生している生産ライン停止を参考に、RPN16点以上としました。

表3.5　FMEAによる設備不具合・故障の洗出しとリスクの大きさの評価（一部）

設備	コンポーネント	サブコンポーネント	不具合・故障	発生度	致命度	検出度	RPN
梱包機	シリンダー	作動部	作動不良	1	2	2	4
		センサー	破損	2	2	2	8
	プッシャー	作動部	作動不良	2	3	2	12
		センサー	破損	2	3	3	18
包装機	ベルト送り部	バキュームベルト	切断	2	3	1	6
			摩耗	4	2	3	24
	エンドシール部	シーラー	汚れ	3	2	3	18

出典）　コニカミノルタサプライズ関西株式会社・リバティーサークル（2015）：「故障リスク評価による現像材生産ライン故障の未然防止」、『QCサークル』2015年6月号、No.647、p.17、表・1を参考に作成。

（3）　ヒューマンエラーを防ぎ、職場の安全を確保する

○○スーパーのCサークルは「品出し作業における切傷事故の防止」をテーマに活動を始めた。

表3.6　品出しに関する業務フロー

ステップ1	ステップ2	ステップ3	ステップ4	ステップ5
保管庫の商品をカット台に移す	売場の陳列棚まで移動する	陳列する	保管庫に戻る	段ボールを捨てる
サブプロセス	サブプロセス	サブプロセス	サブプロセス	サブプロセス
1a．補充する商品を確認する 1b．商品をカット台に移動させる	2a．カット台を押して売場まで移動する 2b．周囲に注意しながら移動する	3a．段ボール箱を開ける 3b．段ボールをカットする 3c．商品を並べるまたは箱を置く 3d．出し終わった箱をたたむ	4a．カット台を押して保管庫に戻る	5a．段ボールをつぶす 5b．段ボール置き場に捨てる

出典）　アクシアル リテイリング株式会社・ホップステップジャンプサークル（2016）：「品出し作業における切傷事故の防止」、『第94～97回TQM発表大会　変革への挑戦』、アクシアル リテイリング、p.19を一部修正。

第3章 改善機会の発見

品出し作業を大まかに5ステップに分けたうえで、それぞれのステップをさらに細かい11のサブプロセスに分けました（表3.6）。そのうえで、各サブプロセスで起こり得る切傷などにつながるヒューマンエラーを洗い出しました。また、洗い出した各エラーについて、発生度、影響度などで点数づけしてRPNを求め、RPNが18以上のエラーを対策すべきものとしてピックアップしました（表3.7）。

結果として、段ボール箱を開けたときに「留め具で腕を切る」「留め具が飛び顔に当たる」、段ボールをカットするときに「カッターの刃で手を切る」など、対策が必要な6つのエラーが明らかになりました。

表3.7　FMEAによる切傷のリスクの洗出しと評価（一部）

No.	サブプロセス	エラー	影響	要因	発生度	致命度	検出度	RPN
3a	段ボール箱を開ける	段ボールを開けるときに手をひねる	手の打撲	力が正しく伝わらない	2	3	1	6
		留め具で手を切る	手の切傷	留め具が鋭利	2	3	3	18
		留め具で腕を切る	腕の切傷	留め具が鋭利	3	3	3	27
		カッターで手を切る	手の切傷	安全手袋の未装着	2	3	2	12
		留め具が飛び、顔に当たる	顔の切傷	留め具が勢いよく外れる	3	4	3	36
3b	段ボールをカットする	誤って手を切る	手の切傷	安全手袋の未装着	3	3	1	9
		カッターの刃で手を切る	手の切傷	カッターの刃の出し過ぎ	3	3	3	27
		カッターの刃が古くて余計な力を入れる	手の切傷	作業前のメンテナンス不足	2	3	2	12
		段ボールのカット面で手を切る	手の切傷	段ボールのカット面が鋭利	2	2	1	4

出典）アクシアル リテイリング株式会社・ホップステップジャンプサークル（2016）：「品出し作業における切傷事故の防止」、『第94〜97回TQM発表大会　変革への挑戦』、アクシアル リテイリング、p.19。

（4） 新製品の立上げにおける問題を未然に防ぐ

○○工場のDサークルは「問題を未然に防ぎ、新製品の生産量の目標を期日までに達成する」をテーマに活動を始めました。

工程フロー図をもとに各工程をそれぞれ2～5のサブプロセスに分けたうえで、抜けや見逃しなどの11の典型的な問題をまとめた失敗モード一覧表を参照しながら、起こりそうな問題を列挙しました。また、リストアップした29の問題について、発生度、致命度、検出度を4段階で点数づけし、その積（RPN）を求め、リスクの大きさを評価しました（**表3.8**）。

なお、一つの問題に対して複数の要因が考えられ、対応する発生度が異なると思われる場合には、分けて点数づけを行いました。RPN16点以上となる問題を対策すべきものとしたところ、スポンジリングを押す際に水

表3.8 新製品の工程における問題と洗出しとリスク評価（一部）

番号	工程	サブプロセス	問題	影響	発生原因	発生度	致命度	検出度	RPN
1	スポンジリング押し	容器の入れ目確認	見逃し	出来高数量不一致	付随作業	1	1	2	2
		容器外観チェック	見逃し	外観不良	付随作業	1	1	2	2
		容器回転	落下	キズ	—	1	1	2	2
		スポンジリングを押す	浮き	セット不完全不良	水平に押さない	4	2	2	16
					力不足	2	2	2	8
		容器内外観チェック	見逃し	ゴミ	付随作業	1	2	2	4
2	容器供給	スポンジリング不完全確認	見逃し	セット不完全不良	付随作業	2	2	2	8
		容器内外観チェック	見逃し	ゴミ	付随作業	2	1	2	4
		充填コンベアに流す	供給不足	充填不良	タイミングずれ	1	1	2	2

出典）株式会社コーセー・かすみ草サークル（2016）：「必要なのは今！ 学ぶが育てたサークルの和」、『第46回全日本選抜QCサークル大会（小集団改善活動）発表要旨集』、日本科学技術連盟、p.79 を参考に作成。

第3章　改善機会の発見

平に押さないことによる「浮き」、バルク溶解における「時間がかかる」、資材運搬・準備における「供給不足」など、5つの問題が特定できました。

(5)　めったに起こらない災害などに対する準備を抜かりなく行う

○○総務部のEサークルは、「地震発生後から復旧完了までの安全の確保」をテーマに活動を開始しました。

他社の事例などを手分けして調べたところ、ヒヤリハットを含めていろいろな体験談が集まったため、これらを人の行動の失敗と設備の不具合の点から整理し、①連絡漏れ、②情報の認識間違い、③設備の破損、④備品や人の不足などの失敗モード一覧表に整理しました。そのうえで、地震の規模を想定し、地震の発生から普及までの作業の流れをフロー図にまとめました。さらに、施設のレイアウト図を適宜参照しながら、各プロセスで起こりそうな人の行動の失敗や設備の不具合を列挙し、表にまとめました（表3.9）。また、列挙した人の行動の失敗や設備の不具合について、①発生度、②影響度（安全への影響の大きさ）、③対策度（事後対策の実施度合い）を点数づけし、リスクの大きさを評価しました。結果として、対策の検討が必要なものをはっきりさせることができました。

表3.9　FMEA表による地震に伴うリスクの洗出しと評価（一部）

プロセス	人の行動の失敗／設備の不具合	影響	発生度	影響度	対策度	RPN
地震発生時	事務所のパソコンの落下	怪我	3	2	2	12
	設備の転倒・落下	怪我	1	4	3	12
	通路の照明の破損	怪我	2	2	2	8
避難場所への移動	指示の遅れ	避難の遅れ	2	3	3	18
	誘導のための人の不足	避難の遅れ	3	3	3	27

出典）　福丸典芳・永田穂積(2013)：「未然防止を実践する　5. リスクに備えよう」、『QCサークル』2013年11月号、No.628、p.54、表・1を参考に作成。

第4章
対策の共有と水平展開

　前章では、未然防止型 QC ストーリーのなかで重要なステップである「4. 改善機会の発見」について説明しました。本章では、もう一つの重要なステップの一つである「5. 対策の共有と水平展開」について詳しく見ていきたいと思います。どんなに多くの改善機会を発見できても、それらに対する有効な対策を行えなければ、単なる注意喚起で終わってしまいます。みんなで知恵を出し合って具体的な対策を考えることで、大きな成果と達成感を得ることができます。

4.1　対策案を考えるには

　「対策の共有と水平展開」もわかりにくい表現ですが、「過去の有効な対策をみんなで共有し、これを活用することで多くの対策を短時間で考えること」と考えるとわかりやすいと思います。「改善機会の発見」をうまく行えると、対策の必要な問題が数多く見つかります。これらについて、残らず対策を考えて実施するのは必ずしも容易ではありません。この難しさを克服するためには、

　　① みんなが知恵を出し合って問題に対する対策案をなるべく多く考える

　　② 考えた対策案を評価し、どの対策を行うかを決める

ことがポイントになります。

このうち、①については、特定の対策案に固執し、良い対策案が思い浮かばない場合が少なくありません。ブレーンストーミングによってみんなで知恵を出し合ってできるだけ多くの案を考えるのが基本ですが、このとき、いろいろな職場で成功している対策を集め、**対策発想チェックリスト**や**対策事例集**として整理し、活用するのが有効です。対策発想チェックリストとは、「拡大したらどうか」「縮小したらどうか」「代用したらどうか」「入れ替えたらどうか」「逆にしたらどうか」「組み合わせたらどうか」など、対策案を思いつくためのヒントになる言葉や質問をまとめたものです。「何か良い対策はないか」と頭を悩ませるより、チェックリストの一項目ずつについて具体的な案を考えることで、視野が広がり、より多くの案を思いつくことが可能となります。

他方、②については、考えたすべての対策案を実施するのは経済的ではありませんので、案のなかから最も効果的と考えられるものを選んで実施するのがよいのですが、一人ひとりの価値観が異なるために、なかなか全員が満足する形で合意を得られません。一つの案に固執して立ち入った議論を行って時間を浪費したり、特定の人の意見によって対策が決まり参加者に不満が残ったりする場合が少なくありません。これを回避するには、得られた対策案について**対策分析表**を用いて客観的に評点づけし、有効そうなものとそうでないものに振り分けたうえで、有効そうなものをうまく組み合わせて最終的な案にまとめ、全員が納得したうえで実施するのがよい方法です。視点を明確にしたうえで客観的な評価を行い、その結果にもとづいて有効そうな案を絞り、それらについてより詳細な検討を行うという手順を踏むことで、議論の効率化と全員の納得をはかることができます。

4.2 対策案をなるべく多く考える

(1) 基本的な考え方

良い対策案が思い付かないという悩みをよく聞きます。**図 4.1** は、対策を考える場合に、我々がよく陥る状況を表したものです。人は対策案を考える場合、自分が過去に行って有効だった対策を活用しようとします。そ

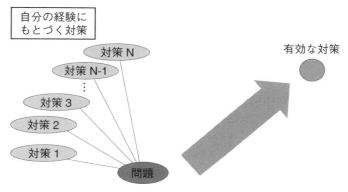

図 4.1　対策案を思い付かない状況

のため、過去に似たような問題を解決した経験があれば、即座に対策案を思い付くことができますが、そこから外れた対策案についてはなかなか思い付きません。もっと有効な案があるにもかかわらず、特定の狭い領域だけで案を考え、良いアイデアがないと悩むわけです。

このような場合、いろいろな職場で行われている対策を横断的に見ると、その背後には「共通する考え方」があり、これらを抽出・整理しておくことで、対策を考える場合のヒントを得ることができるという事実をうまく利用することが大切です。

(2)　対策発想チェックリスト

対策発想チェックリストとは、対策案を作成する場合にアイデアを発想するためのきっかけを与える項目または質問をリストにしたものです[22]。表 4.1 に一例を示します。多くの対策案を収集し、似たものをまとめて整理・活用することで、強制的に発想を促し、経験の枠に捉われることなく多くの対策案をつくることができます。

対策発想チェックリストのつくり方は、前章で説明した「失敗モード一覧表」のつくり方と似ています。まず、過去に実施して有効だった対策の事例を集めてきます。そのうえで、それぞれのなかに含まれている異質な

第4章　対策の共有と水平展開

表 4.1　対策発想チェックリストの例（意図しないエラーの対策）

原理	対策発想チェックリスト
作業または危険を排除する	・作業を取り除けないか？ ・危険な物・性質を取り除けないか？
人による作業を置き換える	・自動化できないか？ ・指示、基準、ガイドなどの支援を与えられないか？
人による作業を容易にする	・変化・相違を少なくできないか？（標準化・単純化できないか？　似たもの・関連するものをまとめられないか？　対応するものを同じにできないか？） ・変化・相違を明確にできないか？（色や形・記号などを特殊なものにできないか？） ・人間の能力に合ったものにできないか？
異常を検出する	・異常な動作を検知できないか？ ・異常な動作を行えないようにできないか？ ・異常な物・状態を検知できないか？
影響を緩和する	・影響が生じないよう作業を並列にできないか？／物を冗長にできないか？ ・危険な状態にならないようにできないか？ ・危険な状態になっても損傷が発生しないよう保護を設けられないか？

情報（改善の考え方、使用しているハードウェアなど）を区別したうえで、特定の情報に着目し、キーワードや質問の形に整理します。

対策発想チェックリストの使い方は簡単です。まず、対策すべき失敗を明確にします。そのうえで、チェックリストの各項目について一つひとつ検討し、対策案をできるだけ多く挙げます。アイデアが出なくなったら次の項目に進みます。すべての項目を検討し終わったら、重複を整理し、得られた対策案を一覧にします。

例えば、**表 3.2** の 2c の、パレットからトレーを選ぶ際の「トレーの取違い」に対して、**表 4.1** を適用してみましょう。最初の項目の「作業を取り除けないか」では、「1つのパレットには1つの部品しか載せないよう

にし、トレーを廃止する」「生産現場から直送するようにし、倉庫を廃止する」などの対策が考えられます。チェックリストの次の項目は「危険な物・性質を取り除けないか」です。しばらく考えて誰も案を思いつかないようなら次に進みます。3番目の項目「自動化できないか」については、「トレーの前にランプを取り付け、部品番号を入力すると対応するトレーのランプが点灯するようにする」という案を思い付くかもしれません。「変化・相違を明確にできないか」については、「パレットのそれぞれのトレーに対応する位置に、トレー番号のラベルを貼る」という案を思い付くと思います。このような手順を繰り返すことにより短時間で多くの対策案を考えることができます。

なお、上記の作業を行う場合、表 4.2 に示すようなワークシート（対策発想チェックリストの項目ごとに対策案を書き込めるようにした様式）を準備していると、効率的に対策案の作成を進めることができます。

表 4.2　対策案を発想するためのワークシートの例
対策すべきエラー：パレットからトレーを選ぶ際の「トレーの取違い」

発想チェックリスト	対策案
作業を取り除けないか	・1つのパレットには1つの部品しか載せないようにし、トレーを廃止する。 ・生産現場から直送するようにし、倉庫を廃止する。
危険な物・性質を取り除けないか	（該当なし）
自動化できないか	・トレーの前にランプを取り付け、部品番号を入力すると対応するトレーのランプが点灯するようにする。
⋮	⋮
変化・相違を明確にできないか	・パレットのそれぞれのトレーに対応する位置に、トレー番号のラベルを貼る。
⋮	⋮

(3) 対策事例集

　対策発想チェックリストだけだと、どうしても具体的なイメージが湧きにくいと思います。過去の有効な対策をもとに事例集をつくり、これとチェックリストとを組み合わせて活用するのがよい方法です。**図 4.2** はこのような事例集の例です。

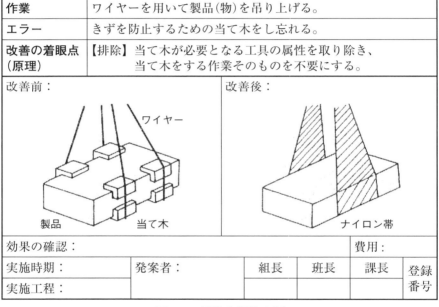

図 4.2　対策事例集の例

　事例集は 1 件 1 葉で作成し、
- 対象となる作業や設備の種類
- 対策すべき問題
- 対策の着眼点(対策発想チェックリストのどの項目に対応する対策か)

などで容易に検索できるようにしておくと便利です。また、写真や図を活用して改善前と改善後を対比させ、どのような改善かが一目でわかるようにしておくとよいでしょう。さらに、発案者の名前、実際に適用した職場

と得られた効果なども記録しておくと、詳細について問い合わせたり、採用するかどうかを決めたりする場合の参考になります。

(4) ブレーンストーミングの4つのルール

対策案を思いつかないもう一つの理由は、「対策案を発想する」ステップと「対策案を評価する」ステップを同時に行おうとすることです。アイデアを生み出すには、まったく制約のないリラックスした状態のなかで自由に発想の連鎖を起こしながら奔放なアイデアを出していく「発散型」の思考が必要になります。これに対して、評価においては、長所・欠点を客観的・論理的に考え、有効そうでないものをふるい落としていく「収束型」の思考が必要になります。この2つの思考は正反対の性格のものなので、片方が強くなると片方が弱くなります。メンバーの一人が提案したアイデアに対して他のメンバーが「コストがかかる」とか、「実現できない」と意見を言うと、チーム全体の思考が「発散型」から「収束型」に変わり、アイデアが出にくくなります。

これを避けるためには、「ブレーンストーミングの4つのルール」[23]、

① 批判禁止
② 自由奔放(滑稽・奇抜なものを歓迎)
③ 量を求める
④ 便乗歓迎

を徹底して守ることが大切です。「面白いアイデアだ」と褒めるのはかまいませんが、批判や評価は厳禁です。コストや実現できるかどうかは度外視します。また、良いアイデアではなく、多くのアイデアを出すようにします。さらに、オリジナリティを気にせずに、一人のアイデアに他の人がアイデアを加えていくことで、どんどん発想が広がります。

4.3 対策案を評価し、どの対策を行うかを決める

(1) 基本的な考え方

一つの問題に対して考えた複数の対策案すべてを実施するのは経済的で

ありませんので、何らかの方法で絞る必要があります。しかし、考え方の異なる人の間でこれを行うのは容易ではありません。声の大きい人の意見に引きずられて実施する対策を決めてしまってメンバーに不満が残ったり、検討に参加しなかった人から「こんな対策は役に立たない」とそっぽを向かれてしまったりすることになります(表4.3(a))。こんな状況に陥らないためには、評価項目を決めて客観的な評価を行うとともに、その過程を見える化し、メンバーの間の不要な意見の衝突を防いだり、検討に参加しなかった人が結論として導かれた対策に納得できるようにしたりすることが大切です(表4.3(b))。

表4.3　対策案を評価・選定する場合によく陥る状況とその克服の考え方

(a) 1次元的な見方による評価

メンバー	主張	理由
Aさん	対策1がよい	効果がある
Bさん	対策2がよい	コストが安い
Cさん	対策3がよい	継続が容易

(b) 多次元的な見方による評価

対策案	有効性	コスト	継続性	総合評価
対策1	◎	△	△	3位
対策2	○	◎	○	1位
対策3	△	○	◎	2位

(2) 対策分析表

　対策分析表とは、対策案の内容と評価項目(有効性、コスト、継続容易性など)を明確にしたうえで、それぞれの対策を多元的に評価し、その結果にもとづいてどの対策案を選ぶかを決めるための表です。対策選定マトリックスともよばれます。一例を表4.4に示します。

　この表のつくり方は簡単です。まず、考えた対策案を表の左端の列に記入します(対策案の内容が明確になるよう、5W1Hに分けて書き出します)。次に、どのような項目で対策案を評価するのがよいのかを議論し、評価項目を決めます。そのうえで、評価項目ごとに各々の対策案を3段階程度で点数づけします(各項目を点数づけするための基準を用意しておくのがよい)。最後に、評価項目の点数にもとづいて総合評価点を求めます(加え合

4.3　対策案を評価し、どの対策を行うかを決める

表4.4　対策分析表の例（トレーの取違い）

対策案	有効性	コスト	継続性	総合評価
1つのパレットに1部品しか載せないようにし、トレーを廃止する。	2	2	2	8
生産現場から直送するようにし、倉庫を廃止する。	3	1	2	6
トレーの前にランプを付け、部品番号を入力すると対応するトレーのランプが点灯する。	3	1	3	9
パレットの各トレーの対応する位置に、トレー番号のラベルを貼る。	2	3	3	18
トレーにチェック用の1桁の数字をつけておき、取ったトレーと画面のチェック用の数字を照合する。	1	2	2	4
後工程に予備の部品を用意しておく。	1	2	3	6

わせる、掛け合わせるなど）。

　「どのような項目を評価項目として取り上げるか」「各項目を何段階で評価するか」「それぞれの点数のもつ意味をどう定義するか」「各評価項目の重みをどうするのか」はそれぞれの職場で話し合って決めればよいと思います。

　対策分析表ができたら、これにもとづいて実施する対策を絞ります。ただし、最初から少数の対策に絞るのはよくありません。より詳細に検討してみると思ったより効果があった、安かった、実施が容易だったということはよくあることです。また、対策案のなかには組み合わせることが可能な、あるいは組み合わせることでより大きな効果が得られるものも少なくありません。したがって、点数づけはあくまでも「明らかに役に立ちそうにないものをふるい落とす」という考え方をしてください。そのうえで、残ったものを精査し、最終的な案にまとめるとよいでしょう。

　対策分析表については検討の場で議論しておしまいにしないで、その結果を示していろいろな人の意見を求めるのがよいでしょう。これによって、より多角的な視点からの対策案の検討が可能となるとともに、活動に対する多くの人の参画を引き出すことができます。

4.4 実践例

(1) 業務で発生するヒューマンエラーや技能不足によるトラブルを防止する

○○支店のAサークルは「顧客対応業務におけるヒューマンエラー・技能不足によるトラブルの低減」をテーマに活動を始め、対策の必要な失敗20個を洗い出しました。

対策の立案に先立って、文献を参考に対策案を考える際のヒントをまとめたお助けツール「発想チェックリスト」を作成しました(表4.5)。

表4.5 お助けツール「発想チェックリスト」(一部)

原理	分類	対策案を作成するための質問
A：作業または危険を排除する	A1	エラーしやすい作業を取り除けないか。
	A2	あらかじめ行えることはないか。
B：人による作業を置き換える	B1	問題を解決するために、プロセスを自動化できないか。
	B2	2つ以上の作業を結びつけて一緒にする、または近寄せることはできないか。
	B3	あらかじめ行えることはないか。
C：人による作業を容易にする	C1	類似の、誤認しやすいものを取り除けないか。
	C2	プロセス・モノ・情報を標準化できないか。
	C3	あらかじめ行えることはないか。
	C4	形、色、見出しなどを利用できないか。
	C5	2つ以上の作業を結びつけて一緒にする、近寄せることはできないか。

出典) タカノ株式会社・急吟着サークル(2010)：「受発注時のトラブルを防ごう 受発注業務の見える化」、『QCサークル』2010年5月号、No.586、p.35、表・3を参考に作成。

このツールを片手に、RPN18点以上の各失敗項目に対し具体的な対策を考えました。結果として、全部で22個の対策案が得られました。また、これらのうちのどの対策を行うかを決めるために、対策案ごとに、

 ① 効果(ヒューマンエラーや技能不足によるトラブルを防げるか)

②　コスト(対策の導入・実施に費用がかかるか)
③　継続性(対策を将来も継続して行うことに無理がないか)

を3段階で点数づけしてその積を求め、この結果をもとに実施する対策を決めました。例えば、お客様からFAXで受けた注文書の紛失・見間違い・見落としを防ぐため、従来は机の上に乱雑に置いていたFAXを一時保管箱に入れるとともに、注文書を壁に貼り出すようにしました(図4.3)。

作業(プロセス)	1．お客様からの注文を受ける				
エラー	紛失、見落とし、見間違え				
改善の着眼点(原理)	作業または危険を排除する　と　異常を検出する				
改善前： FAXが来ると、乱雑に担当者の机に置いていた。 注文書FAXがどこにあるのかわからない。		改善後： 一時保管箱の設置　　注文書FAXの掲示 FAXは一時保管箱へ入れ整理した。 注文書は誰でも見れるように壁に張りだした。			
効果の確認 　　FAXの紛失など　RPN48点→24点				対策にかかる費用 ￥800	
実施時期：08/07/15 実施工程：受注	発案者：橋爪	係長 窪田	課長 村上	登録番号：08-0001	

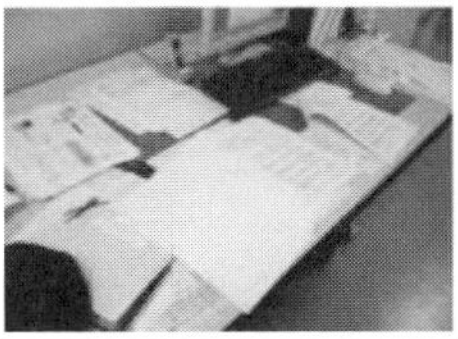

出典)　タカノ株式会社・急吟着サークル(2010):「受発注時のトラブルを防ごう　受発注業務の見える化」、『QCサークル』2010年5月号、No.586、p.35、図・6を参考に作成。

図4.3　注文内容確認での紛失・見落とし・見間違いに対する対策

これにより、担当者以外でも、注文の内容を簡単に確認することができるようになりました。また、回答忘れ・連絡忘れ・送付忘れ・作成忘れについては、注文ごとの進捗を示したボードを作成しました。これにより、担当者以外が把握できなかった業務進捗状況がみんなでチェックできるようになるだけでなく、ボードを囲んで勉強会を開催し、メンバー全員が受注から発送までの流れを摑むことができました。

（2） 設備の不具合・故障による生産ライン停止を防ぐ

○○技術課のBサークルは「設備不具合・故障による生産ライン停止の撲滅」をテーマに活動を始め、対策の必要な故障を洗い出しました。

対策案を考えるに当たっては、過去の故障に対する有効な対策をもとに、対策発想チェックリストを作成しました（**表 4.6**）。そのうえで、それぞれの不具合・故障に対して考えられる対策案をみんなで系統図を使って考えました。また、考えた各対策案について、①コスト、②生産ライン停止への影響、③実現性、④効果の4項目を◎、○、△、×の4段階で評価し、実施する対策を考えました。

例えば、○○の破損については、❶重量を軽くする、❷速度を遅くする、❸支点までの距離を短くする、❹補助を設けて荷重を分散する、❺荷重に耐える能力を高くする、❻材料の強度を強くするなどの対策が挙がり、検討の結果、一つひとつの対策では十分な効果が得られないと考えら

表 4.6　設備不具合・故障に対する対策発想チェックリスト

分類	原理	対策案を作成するための質問
不要にする	排除する	問題のあるワークや設備を不要にできないか。
条件を改善する	軽減する	負荷・使用条件の厳しさを軽減できないか。
	分散する	負荷・使用条件に耐えるための補助的な支持や機構を設けられないか。
	適正にする	ワークや設備の仕様を負荷・使用条件に見合ったものにできないか。
条件の乖離を防ぐ	遮蔽する	汚れの付着、異物の混入、誤動作の原因となる光などを遮蔽する。
	離す	汚れの付着、異物の混入、誤動作の原因となる光などから離す。
	復元する	定期的に清掃、または交換できないか。
影響を緩和する	吸収する	衝撃やばらつきを吸収できないか。
	停止する	自動停止するよう、異常を知らせるようにできないか。

れたため、❷と❹と❺の3つを合わせて実施することにしました。

(3) ヒューマンエラーを防ぎ、職場の安全を確保する

○○スーパーのCサークルは「品出し作業における切傷事故の防止」をテーマに活動を始め、対策が必要な6つのエラーを明らかにしました。

ヒューマンエラーに対する対策を考える必要があるので、エラープルーフ化の原理をもとにした対策発想のための「質問」を用意し、各質問に対応した案を容易に書き込めるような様式を用意したうえで、対策が必要なエラー一つひとつに対して対策案できるだけ多く考えました。また、対策案を出し合う前に、ブレーストーミングの4つのルールをみんなで確認してから始めるようにしました。一例を表4.7に示します。

得られた対策案について、①効果、②コスト、③継続の容易さの3つで

表4.7 「箱を足で潰すときに滑って転倒する」に対する対策案（一部）

原理	質問	対策案
作業・危険を排除する	作業を取り除けないか	・足で潰さない（手で潰す）。
	危険物・性質を取り除けないか	・箱を重ねて潰さない（一箱ずつ潰す）。
エラーしやすい人の作業を置き換える	自動化できないのか	・機械で潰す。
	指示・基準・ガイドなどの支援を与えられないか	・カゴテナーに摑まって身体を安定させる。
人の作業を容易にする	変化・相違を少なくできないか	・同じ大きさの箱を続けて潰す。 ・力のある人がまとめて潰す。
	変化・相違を明確にできないか	・滑りやすい場所で行わない。
	人間の能力に合ったものにできないか	・潰すのに大きな力がいらない箱にする。

出典）アクシアル リテイリング株式会社・ホップステップジャンプサークル（2016）：「品出し作業における切傷事故の防止」、『第94～97回TQM発表大会　変革への挑戦』、アクシアル リテイリング、p.20を一部修正。

第 4 章 対策の共有と水平展開

表 4.8 SPN を用いた対策案の選定

「箱を足で潰すときに滑って転倒する」に対する対策案の例（一部）

対策案	効果	コスト	継続	SPN
・足で潰さない（手で潰す）。	2	3	2	12
・箱を重ねて潰さない（一箱ずつ潰す）。	3	3	3	27
・機械で潰す。	3	1	3	9
・カゴテナーに摑まって身体を安定させる。	2	3	3	18
・同じ大きさの箱を続けて潰す。	2	3	2	12
・力のある人がまとめて潰す。	2	2	1	4
・滑りやすい場所で行わない。	1	3	2	6
・潰すのに大きな力がいらない箱にする。	2	1	2	4

点数評価し（各 3 段階）、SPN（Solution Priority Number、対策優先指数）を求め、点数の高い対策案に適切に組み合わせた対策を決めました。一例を表 4.8 に示します。

(4) 新製品の立上げにおける問題を未然に防ぐ

○○工場の D サークルは「問題を未然に防ぎ、新製品の生産量の目標を期日までに達成する」をテーマに活動を始め、対策が必要な 5 つの問題を特定しました。

対策案の検討に当たっては、まず、過去の有効な対策を整理し、対策発想チェックリストを用意しました。また、対策が必要な 5 つの問題のそれぞれにこのチェックリストを適用し、対策案を考えました（表 4.9）。最後に、得られたそれぞれの対策案について、①有効性、②コスト、③継続性の 3 つで点数づけを行い（3 段階）、各問題に対してとる対策を絞り込みました（表 4.10）。

(5) めったに起こらない災害などに対する準備を抜かりなく行う

○○総務部の E サークルは、「地震発生後から復旧完了までの安全の確保」をテーマに活動を開始し、対策の検討が必要な人の行動の失敗や設備

表 4.9　対策発想チェックリストを用いた対策案の作成

サブプロセス	問題	対策発想チェックリスト	対策案
スプリングリングを水平に押す	浮き（水平に押していない）	確認が容易に行えないか	手で触り確認する
		方法を変えられないか	治具使用
		自動化できないか	ロボット化
		ガイドなどの支援を与えられないか	該当なし
		作業を取り除けないか	セット済み容器に変更
		異常な動作を検知できないか	該当なし
		異常な動作を行えないようにできないか	該当なし
		異常な物、状態を察知できないか	該当なし
		発生しても次工程に行かないよう予防できないか	画像処理チェックを行う
バルク溶解	時間がかかる（経験不足）	確認が容易に行えないか	該当なし
		方法を変えられないか	溶解方法の変更
		自動化できないか	溶解釜の使用
		ガイドなどの支援を与えられないか	該当なし
		作業を取り除けないか	該当なし
		異常な動作を検知できないか	該当なし
		異常な動作を行えないようにできないか	該当なし
		異常な物、状態を察知できないか	該当なし
		発生しても次工程に行かないよう予防できないか	該当なし

出典）　株式会社コーセー・かすみ草サークル（2016）：「必要なのは今！　学ぶが育てたサークルの和」、『第 46 回全日本選抜 QC サークル大会（小集団改善活動）発表要旨集』、日本科学技術連盟、p.79。

の不具合を明確にしました。

　対策については、「リスクそのものを排除する」「管理・統制によってリスクを軽減させ、リスクを許容範囲内に収める」「保険などによってリスクによって生じる損害を他に移転する」「損害が小さく、業務上も問題に

第4章　対策の共有と水平展開

表 4.10　対策分析表（一部）

サブプロセス	問題	対策案	有効性	コスト	継続性	総合評価
スプリングリングを水平に押す	浮き（水平に押していない）	手で触わり確認する	2	2	2	8
		治具使用	3	3	3	27
		ロボット化	3	1	1	3
		セット済み容器に変更	2	1	3	6
		画像処理チェックを行う	2	1	1	2
バルク溶解	時間がかかる（経験不足）	溶解方法の変更	1	2	3	6
		溶解釜の使用	3	3	3	27

出典）　株式会社コーセー・かすみ草サークル（2016）：「必要なのは今！　学ぶが育てたサークルの和」、『第 46 回全日本選抜 QC サークル大会（小集団改善活動）発表要旨集』、日本科学技術連盟、p.79 を参考に作成。

表 4.11　地震に対するリスクへの対応計画

段階	対応が必要なリスク	事前対応	事後対応
地震発生	・事務所のパソコンの落下 ・設備の倒壊・落下 ・通路の照明の破損	・リスク低減対策の実施情況のパトロール	・怪我をした人の確認と救護 ・危険箇所の特定と避難誘導路の決定
避難場所への移動	・指示の遅れ ・誘導のための人の不足	・判断基準の策定 ・優先順位の策定	・避難計画に沿った移動
救済開始	・食料品・飲料水の不足	・食料品・飲料水の備蓄	・食料品・飲料水の配布
復旧	・資材の不足 ・復旧のための人の不足	・関係会社・協力会社との協調のための定期的な連絡会の開催	・復旧作業に関する依頼・交渉

出典）　福丸典芳・永田穂積（2013）：「未然防止を実践する　5. リスクに備えよう」、『QCサークル』2013 年 11 月号、No.628、p.54、表・1 を参考に作成。

ならない場合にはリスクを容認する」などの視点から案を考え、これらを組み込んだ最終的な対応計画を定めました（表 4.11）。

第5章
効果の確認、標準化と管理の定着

　未然防止型QCストーリーも山場を超えて、後は考えた対策を実施し、これまでの努力を確実に成果に結びつける段階になりました。本章では、未然防止型QCストーリーの2つのステップ「6. 効果の確認」と「7. 標準化と管理の定着」について説明します。自分たちが考えて実施した対策の効果を確認するとともに、得られた成果が継続するよう、職場のなかで定着させていくことを考えます。また、将来自分たちや他のサークルが同様の取組みを行う場合の参考になるよう、自分たちの活動をまとめておくことも忘れずに行いましょう。

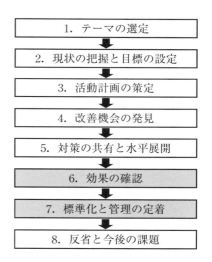

5.1　効果を確認する

(1)　基本的な考え方

　効果については、「2. 現状の把握と目標の設定」と同様の方法でデータを集め、設定した目標、例えば、「ヒューマンエラーによる○○製品のクレームを、来年の3月までに、90％低減する」などを達成できたかどうか判定します。ただし、未然防止型の活動では、問題の発生率が低いために、データを蓄積し効果を確認できるようになるまでに時間がかかる場合が少なくありません。また、新たな製品・サービス／業務について検討を行っている場合には、比較の対象となるものがありません。

　このような場合には、「4. 改善機会の発見」で用いたRPN（Risk

Priority Number、危険優先指数)を使って、対策後の状態を評価し直し、RPNがどの程度低減できたかで対策の効果を予想します。また、最終的には、テーマとして定めた目標が達成できたかどうかをデータにより確認する必要がありますので、いつ、どのような形で評価を行うかを決めておきます(例えば、半年後に対策後に発生したクレームのデータを集めて、目標とした数値と比較するなど)。

(2) RPNによる効果の確認

対策を行うと、ヒューマンエラーや設備不具合・故障が発生しにくくなったり、発生してもクレームやトラブル・事故にならないようになったりするので、RPNが下がります。対策が必要と判断した問題一つひとつについて、対策前の「発生度」「影響度」「検出度」の点数が実施した対策によってどう変わるかを予想し、RPNを計算し直します。そのうえで、この結果をもとに、円グラフやヒストグラムなどにより点数の分布がどう変わったかを表せば、活動の総合的な効果を確認できます。一例を図5.1に示します。この図を見ると、48点以上の問題が完全になくなったこと、16点以上のものはゼロになっていないものの、大幅に削減できていることがわかります。

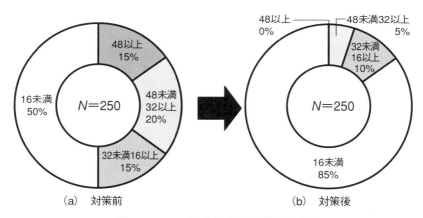

図5.1　RPNによる効果の確認の例

「発生度」「影響度」「検出度」の点数の変化を予想する場合には、
　① エラーや不具合・故障が発生しにくくなる対策（例えば、表4.1の「作業または危険を排除する」「人による作業を置き換える」「人による作業を容易にする」対策など）を行った場合、「発生度」が下がる
　② エラーや不具合・故障の発生がすぐにわかるような対策（例えば、「異常を検出する」対策など）を行った場合、「検出度」が下がる
　③ エラーや不具合が発生しても大きな影響が出ないような対策（例えば、「影響を緩和する」対策など）を行った場合、「影響度」が下がる
と考えるとよいでしょう。対策後に「RPNが何点になったか」の判定は、「4. 改善機会の発見」のステップで用いた点数づけの方法（例えば、表3.3など）を活用すると人によるばらつきを押さえることができます。

　対策後のRPNの値が自分たちで決めた基準（例えば、16未満）を上回っている場合には、その問題については、まだ、十分対策できていないということですので、再度対策案を考え、追加の対策を行うことを検討します。それでも、基準を満たせない場合には、現時点では良い対策案がない問題として保留することになります。この場合、標準書や掲示、リスクマップ（職場のレイアウト図に残っているリスクを表示したもの）を工夫し、そのような危険性が残っていることが職場の全員にわかるようにしておくことが大切です。

(3)　成果指標による効果の確認

　RPNによる評価は自分たちの自己評価ですので、活動の最終的な成果は、クレームやトラブル・事故などの発生状況によって評価する必要があります。後工程で発見された不良など、比較的件数の多いものをテーマに取り上げている場合には、一定の期間のデータを集め、得られたデータを棒グラフや折れ線グラフを書いて対策前後の推移を見れば、効果を確認できます。一例を図5.2に示します。この図を見ると、対策を行った7月〜8月を境に、不良の発生件数が大きく低減できていること、目標の「5件

第 5 章　効果の確認、標準化と管理の定着

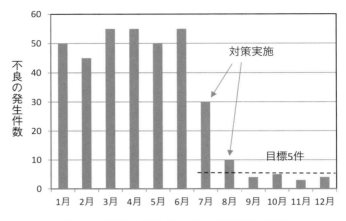

図 5.2　不良の発生件数の対策前後の推移

以下」を達成できていることがわかります。

　製品の生産数やサービスの提供数が大きく異なる場合には、生産数・提供数で基準化することが必要です。また、品種によって作業数（組み付ける部品数など）が大きく異なる場合には、作業総数で基準化してください。さらに、○○作業や△△設備に起因するもの、ヒューマンエラーや設備不具合・故障に起因するものなど、特定の領域・種類の問題を取り上げている場合には、該当の問題に対応するクレーム・トラブル・事故のみを抜き出して集計することも必要です。これにより、活動の対象にしなかった領域や種類の問題による影響を取り除いて評価することができます。

（4）　目標が達成できなかった場合の対応

　目標を達成できなかった場合には、起こっている問題の内容を、「なぜ、未然に防止できなかったのか」という点から再度分析し、
　　①　対象にした領域・種類以外の問題が多く起きてしまった
　　②　「4．改善機会の発見」で対策が必要と判定し損なっていた
　　③　「5．対策の共有と水平展開」で実施した対策の効果が十分でなかった

のいずれであるかを明らかにします。

このうち、①の場合には、「2. 現状の把握」に立ち戻って、対象にする領域や問題の種類を考え直すことになります。また、②の場合は、作成したFMEA表と照らし合わせ、当該のエラーや不具合・故障を列挙していなかったのか、RPNが高くないと判断していたのかを確認します。そのうえで、失敗モード一覧表の内容が悪いのか、その適用の仕方が悪いのか、RPNを求める際に用いた点数づけの方法や対策が必要と判断した基準（16未満など）が悪いのかを見極め、適切な修正を行ったうえで、「4. 改善機会の発見」をやり直します。他方、③の場合には、対策の効果の予

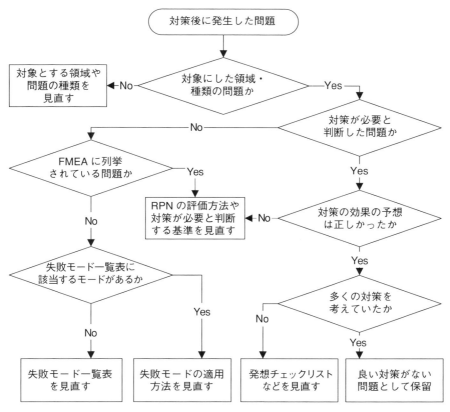

図 5.3　目標が達成できなかった場合の分析方法

想は正しかったのか、多くの対策案をつくれていたかを見直し、「5. 対策の共有と水平展開」をやり直します（図5.3）。

このようなことを繰り返すことで、メンバーの問題を洗い出す能力、対策案を作成・評価する能力が着実に向上します。

5.2 標準化し、管理を定着させる

(1) 基本的な考え方

効果のあった対策については、継続的に実施されるよう、作業標準書の改訂を行います。また、自職場や他職場の新製品・新サービスについても当該の対策が確実に実施されるよう、技術標準書（作業や設備を設計するための標準書）に反映します。さらに、作成した失敗モード一覧表、対策発想チェックリスト、対策事例集などは、他の人たちが将来の活動で活用できるよう、職場の共有財産にしておきます。

また、未然防止型の活動では、対策が多岐にわたるため、なかには時間の経過や人の入れ替わりとともに意識が薄れ、実施が徹底されなくなる場合が少なくありません。これを防止するためには、対策の継続的な実施を確実にするとともに、実施できているかどうかを確認するための計画をきちんと定めておくことも大切です。

(2) 作業標準書・技術標準書の改訂と工夫したツールの共有財産化

作業標準書を改訂する場合には、職場のルールに従って行います。この場合、単に対策後の作業方法に書き直すだけでは十分ではありません。「なぜ、そのような方法になっているのか」がわかるよう、関連するクレームやトラブル・事故の事例やリスクも明記しておくとよいでしょう。

ただし、あまり多くの情報を作業標準書に含めるとかえってわかりにくくなります。このような場合には、改訂履歴の欄に、改訂する元になった自分たちの改善活動の報告書のタイトルや番号を記し、容易に参照できるようにしておきます。こうすることで、当該の作業標準書を見た人（新たに職場に配属された人など）が記されている内容の根拠を容易に理解でき

5.2 標準化し、管理を定着させる

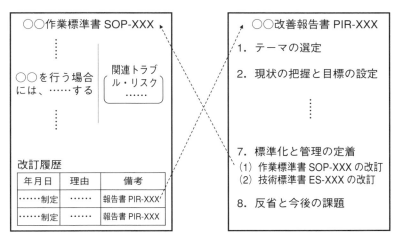

図 5.4　改善と管理を結びつける

るようになります。

また、改善活動報告書のほうにも改訂した作業標準書のタイトルや番号を記しておけば、作業標準書と改善活動報告書が密接に関連づけられることになり、改善と管理のつながりが誰の目にも明らかになります(**図 5.4**)。作業標準書がないときには、新たに作成することになりますが、この場合も同様です。

作業標準書は当該の作業・設備に関するものであって、新たな製品・サービスや他職場の製品・サービスには適用されませんので、作業標準書を改訂するだけでは同じような問題が別の場所で繰り返し発生することになります。これを防ぐには、製品・サービスや作業・設備を設計する際に用いられる「技術標準書」を改訂する必要があります。

技術標準書は、一般に設計部門や生産技術部門などが作成・管理していますので、これを改訂してもらうには、他部門への依頼が必要になります。職場の上司(管理者)にお願いし、働きかけてもらうようにするとよいでしょう。そのうえで、自分たちの活動内容をデータにもとづいて話をすれば、納得してもらえると思います(**図 5.5**)。

なお、設計部門や生産技術部門の人も、現場から技術標準書の改訂の依

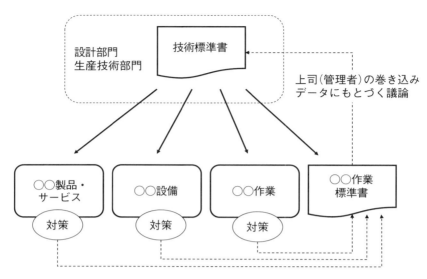

図 5.5　技術標準書を改訂する

頼が来るのを待っていないで、現場で行われている改善活動に関心を払い、そこに含まれているノウハウを積極的に集めて技術標準書の改訂に活かす努力をするとよいと思います。

　自分たちが工夫して作成した失敗モード一覧表、対策発想チェックリスト、対策事例集（対策データベース）などのツールは貴重な職場の財産です。独り占めしないで他の人にどんどん活用してもらいましょう。QCサークル活動推進部門の人にお願いし、イントラネットに掲載してもらったり、職場で活用している共有資料のなかに含めてもらったりしてください。何を共有財産にするのかを悩む場合には、「自分たちが活動を進めるときにどこで一番苦労したのか」「どんなものがあれば助かったのか」などを思い起こしてみるとよいと思います。

　なお、推進部門の人は、失敗モード一覧表、対策発想チェックリスト、対策事例集などのツールをみんなが共有できるような仕組みを考える必要があります。また、蓄積されたものを定期的に見直し、みんなが活用しやすいように整理することも必要です。

プロセスフロー図／機能ブロック図やFMEA表も貴重な財産です。ただし、これらは他の職場の人と共有するというよりは、将来、自分たちが当該の作業・設備について再度未然防止活動を行う場合の基礎資料となります。QCDSEに対する顧客・社会のニーズはますます高くなる傾向にあ

りますので、しばらくするともう一段レベルアップした未然防止活動を求められます。例えば、対象とする領域や問題の種類を広げる、失敗モード一覧表やその適用の仕方を工夫する、対策を必要と判断するRPNの基準を引き下げる、対策発想チェックリストに新たな視点を加えるなどです。こんなときに、「あの資料はどこにいったのか」と探し回らなくても済むよう、サークルや職場の記録として確実に保管しておくのがよいでしょう。

(3) 対策の継続的な実施を確実にし、確認するための計画

みんなで知恵を出し合って考えた対策ですが、時間が経つと熱意が薄れ、守られなくなる（意図的な不遵守の起こる）ことが少なくありません。人の入れ替わりが激しい職場の場合には、特にこの傾向が顕著です。

なぜ、決めた対策が守られなくなるのでしょうか。いろいろな考え方がありますが、「対策を守ることによる効用」と「対策を守るための手間」を秤にかけて、前者よりも後者が大きいと守らなくなるというのが最も一般的な考え方のようです。そうであれば、対策が継続的に守られるようにするためには、

① 対策を守るための手間をできるだけ少なくする
② 対策を守ることによる効用をみんなにわかりやすく示す

という2つを徹底すればよいことになります。

第5章　効果の確認、標準化と管理の定着

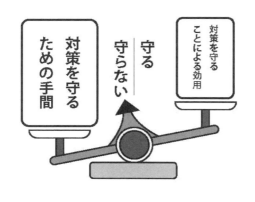

　このうち、①については、対策を実施する際、対策を守るために必要となる時間や工数を見積もり、これらができるだけ少なくなるように工夫しておくのがよいでしょう。物の配置や作業の順序を変えたり、治工具を工夫したりすることで、時間や労力を低減できる場合が少なくありません。

　また、よく知らない方法で作業を行おうとすると、やり方を調べたり聞いたりする必要があるために、面倒に感じます。対策として決めたやり方について、みんなが十分理解し、特に準備しなくても実施できるよう、教育・訓練の場を計画的に設けることも大切です。

　他方、②については、第一に、対策を守らないことによって起こった（起こりえる）クレームやトラブル・事故の事例を知ってもらうことが必要です。そのような事例について話を聞く機会を設けたり、疑似体験できる場を工夫したりするのがよいでしょう。また、作業標準書の該当箇所に具体的なクレームやトラブル・事故の事例を記したり、トラブル・事故の情報を職場に掲示したりすることも有効です。

　ただし、守らなくてもうまくいった経験をしたり、多くの人が守っていない状況を見たりすると、守ることによる効用を感じなくなります。定期的に現場のパトロールを行い、対策を守っていない人がいれば指摘・指導することも大切です。

　さらに、対策の必要性を理解してもらうためには、改善活動にメンバーとして参画してもらうのが最も効果的です。新人や新たに職場に配属された人が対策の検討に参加できるよう、時期を見て活動に再度取り組むのがよいでしょう。この場合、単に過去の活動を繰り返すだけでは意味がありませんから、前回よりも一段レベルアップした活動を目指す必要がありま

す。

　以上のようなことが継続的に行われるようにするために、「いつ、誰が、何を行うのか」という具体的な計画を決め、それが確実に実行されるようにします（**表 5.1**）。また、職場で働いている人に対するアンケート調査を工夫し、「対策を守っているか」「対策を負担に感じていないか」「対策として決めたやり方を理解しているか」「対策の必要性を理解しているか」「対策を守っていないことに対して職場で指摘・指導が行われているか」「対策に関する改善活動にかかわっているか」などの状況を把握し、不十分なところがあれば計画を見直すようにします。

表 5.1　対策の継続的な実施を確実にし、確認するための計画の例

区分		いつ	誰が	何を
対策を守るための手間をできるだけ少なくする	守るための時間・工数を少なくする	個々の対策を実施するとき	サークルメンバー	守る時間・工数を低減する工夫をする
	決めたやり方を理解してもらう	新人の配属や配置換えのとき	監督者	対策として決めたやり方を教える
対策を守ることによる効用をみんなにわかりやすく示す	トラブル事例を共有する	随時	監督者	トラブル事例について会合で話し、掲示する
		毎月	佐藤	発生したトラブル件数のグラフを更新する
	パトロールによる指摘・指導を行う	毎月	5S委員会	職場を回り、対策の遵守状況を確認する
	対策に関する改善活動を実施する	年度末の反省のとき	サークルメンバー	再度改善活動に取り組む必要性を判断する

第 5 章　効果の確認、標準化と管理の定着

5.3 実践例

(1) 業務で発生するヒューマンエラーや技能不足によるトラブルを防止する

○○支店の A サークルは「顧客対応業務におけるヒューマンエラー・技能不足によるトラブルの低減」をテーマに活動を始め、RPN が 18 以上の失敗 20 個を特定しました。また、これら一つひとつの失敗を防ぐ対策案を考え、実施する対策を決めました。

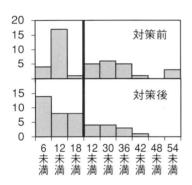

出典） タカノ株式会社・急吟着サークル (2010)：「受発注時のトラブルを防ごう　受発注業務の見える化」、『QC サークル』2010 年 5 月号、No.586、p.35、図・8 を参考に作成。

図 5.6　効果の確認

対策実施後の状況にもとづいて RPN を計算し直し、対策前後でヒストグラムによる比較を行いました（図 5.6）。18 以上の失敗がまだ 12 個あったため、追加の対策を行いました。それでも 18 未満にならなかった 7 個については、標準書にそのような失敗の危険があることを明記し、教育・訓練の際に徹底するようにしました。

対策後 6 カ月間のトラブル件数の推移をグラフにしたところ、着実に低減できていること、目標としていたトラブルの半減を達成したことを確認できました。

(2) 設備の不具合・故障による生産ライン停止を防ぐ

○○技術課の B サークルは「設備不具合・故障による生産ライン停止の撲滅」をテーマに活動を始め、対策の必要な不具合・故障を洗い出すとともに、これらの不具合・故障 1 件 1 件に対する対策案を系統図で展開し、実施する対策を決めました。

結果として、最も点数の高かった「不具合・故障」の RPN が大幅に削

減でき、従来のラインで発生していた不具合・故障の再発もありませんでした。また、現状把握で絞り込んだ△△設備と××設備における構成部品の破損・劣化による生産ライン停止ゼロを達成することができました。

有効だった対策については、当該設備の設計図書や作業標準を改訂するだけでなく、本社の生産技術部が所管している設備設計の方法や基準を定めた技術標準に反映してもらい、新規の設備について当該の対策が確実に実施されるようにしました。

また、作成したFMEAについては、当該設備の設計図書と合わせて職場の資料として保管するようにし、今後、不具合・故障が起こった際や再度同様の活動を行う場合に容易に参照できるようにしました。

(3) ヒューマンエラーを防ぎ、職場の安全を確保する

○○スーパーのCサークルは「品出し作業における切傷事故の防止」をテーマに活動を始め、対策が必要な6つのエラーを明らかにしました。また、各々のエラーに対する具体的な対策案を検討し、実施する対策を決めました。

対策前の作業にもとづいて作成したFMEAをもとに、対策後の作業のやり方を評価し直し、RPNを求めました。結果として、6つのエラーともRPNが目標としていた18点未満となり、切傷事故のリスクを低減することができました。また、1カ月間のヒヤリハット件数、切傷事故件数とも0を達成することができました。

標準化と管理の定着としては、対策の内容をみんなが継続できる方法を考え、作業標準書にまとめました。

(4) 新製品の立上げにおける問題を未然に防ぐ

○○工場のDサークルは「問題を未然に防ぎ、新製品の生産量の目標を期日までに達成する」をテーマに活動を始め、対策が必要な5つの問題を特定しました。また、これらの問題一つひとつに対する具体的な対策案をみんなで考え、実施する対策を決めました。

結果として、従来に比べて3工程・人員2名減を達成できました。また、問題が発生しなくなったことで各工程の作業時間のばらつきがなくなり、安定なラインバランスを実現できました。さらに、これらの効果として期日まで目標としていた生産個数20個／分を達成できました。

　標準化と管理の定着については、作業内容を設定手順書や操作手順書にまとめるともに、そのポイントについて作業を担当する全員に教育しました。また、毎分の生産個数の管理グラフを作成し、異常があった場合にはすぐに原因追究できるようにしました。さらに、確立した工程の内容については技術標準にまとめ、他の工程に展開してもらうようにしました。

(5)　めったに起こらない災害などに対する準備を抜かりなく行う

　○○総務部のEサークルは、「地震発生後から復旧完了までの安全の確保」をテーマに活動を開始し、対策の検討が必要な人の行動の失敗や設備の不具合ものを明確にしました。また、複数の視点から対策案を考え、これらを組み込んだ最終的な対応計画を定めました。

　RPNによる評価では目標とした「通常作業と同程度」を満たしていなかった人の行動の失敗や設備の不具合については、施設のレイアウト図に当該の危険があることを書き込んだリスクマップを作成して職場に掲示し、みんなが常に意識できるようにしました。

　また、災害防止月間に行う訓練で、対応計画に従った地震発生から復旧までの流れについて確認し、予想どおりにいかなかった点については、FMEA表やRPNによる評価を見直すととともに、再度対応策の検討を行いました。

　さらに、対応策が継続して実施できるよう、設備の状況を確認するための定期的なパトロールや教育・訓練の計画を定め、いつ、誰が、何を行うのかを明確にしました。

第6章 反省と今後の課題

　未然防止型QCストーリーも大詰めです。本章では、未然防止型QCストーリーの最後のステップ「8. 反省と今後の課題」について説明します。活動を振り返り、自分たちの成長を確認するとともに、改善の進め方やQCサークルの運営の仕方に関する反省点をまとめ、次の活動につなげてください。また、まだ十分検討できていない業務や対策できていない問題を明確にし、継続的な取組みを行います。

1. テーマの選定
2. 現状の把握と目標の設定
3. 活動計画の策定
4. 改善機会の発見
5. 対策の共有と水平展開
6. 効果の確認
7. 標準化と管理の定着
8. 反省と今後の課題

6.1 反省と今後の課題

(1) 基本的な考え方

　QCサークル活動においては、単に問題を解決するだけでなく、その過程を通じてメンバーの能力向上・自己実現を図ることが大切です。これは未然防止型QCストーリーでも変わりません。能力向上・自己実現を図る場合、活動を通して自分たちの能力がどのくらい向上したのか評価してみることが役に立ちます。これによって、成長を実感でき、今後さらにどのような能力を伸ばすべきなのかが明らかになります。また、改善活動の進め方やQCサークルの運営の仕方を振り返って良かった点、悪かった点を振り返すことも有効です。これにより、次に同じような活動に取り組む際にどうするのがよいのかが共有できます。さらに、達成した成果が職場やお客様・社会にとってどういう意味をもつのか広い視点から見直してみる

第6章　反省と今後の課題

ことも必要になります。これによって、何を達成できたか、今後取り組むべきどんな問題が残っているのかが明らかになります。これらは、マンネリ化に陥らず、着実にステップアップしていくうえで大切です。

(2) 能力の向上を評価する

　能力とは「物事を成し遂げることのできる力」です。能力が高ければより難しい問題に挑戦し、より大きな成果を得ることができますし、その過程を通じてより大きな達成感を感じることができます。したがって、能力を着実に伸ばしていくことが職場にとっても QC サークルメンバー一人ひとりにとっても大切です。能力は自分たちにとって新しい技術・技能や経験のない業務についての勉強会を開催したり、より難しいテーマに取り組んだりすることで向上します。ただし、易しすぎることや難しすぎることをやってもあまり効果はありません。現在の能力を評価し、それに見合った勉強会やテーマへの取組みを行うことが必要になります。

　能力の評価としては、一人ひとりの能力の評価と、QC サークルとしての能力の評価の2つを考えることができます。それぞれについて活動前のレベルと活動後のレベルを評価し、それらを比較することで、どれだけ成長できたかを把握します。活動前に、活動を通して達成したいレベルを目標として定めておけば、目標を達成できたかどうかという点で評価することもできます。これらを通して、思ったように成長できなかった点、今後さらに伸ばしたい点などをはっきりさせることができます。

　一人ひとりの能力については、
　　① 組織の一員としての基本的な能力（コミュニケーション力、プレ

ゼンテーション力など)
② 固有技術・技能に関する能力(扱っている製品・サービスやプロセス・設備の知識、業務の遂行に必要となる技能など)
③ 管理技術・技能に関する能力(問題解決力、QC 手法の知識・活用力、チームを運営する力など)

くらいに大まかに分けて考え、項目を決めるとよいと思います。また、職場で共通的に使用しているものをベースに、「現地・現物」「IT 活用」「こだわり」など自分たちが特に伸ばしたいと思っている項目を加えるのもよいと思います。未然防止という意味では、「起こりそうな問題に気づく力」「対策案を系統的に考える力」などがポイントになりそうですね。

項目ごとのレベルを評価する場合には、

❶ 経験なし
❷ 助けを借りてできる
❸ 単独でできる
❹ 指導や標準化ができる
❺ 課題を見つけ改革できる

など、レベルごとの定義をはっきりさせておくと、客観的な評価ができます。そのうえで、活動前・活動後の評価結果や目標をレーダーチャートに表すことで成長の度合いが一目瞭然となります。QC サークルメンバー全員の評価を一覧にする場合には、円を 4 等分してレベルに応じて塗りつぶしたり、I、L、U、O といった記号を用いて表したりするのも一つの方法です。一例を図 **6.1** に示します。

メンバーの能力が高くなれば、サークルとしての能力も高くなるのが普通ですが、1 + 1 が 2 にならない場合もあります。また、QC サークルとしての能力が高くなったからといって、メンバー全員の能力が向上しているとは限りません。したがって、QC サークルとしての能力も同様の考え方で評価し、その向上度合いを把握しておくのがよいでしょう。項目としては、

1) 改善活動に関するもの

第 6 章　反省と今後の課題

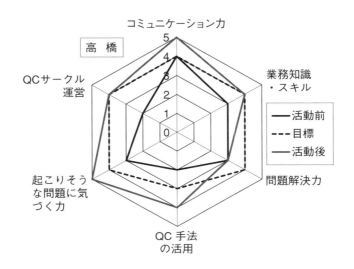

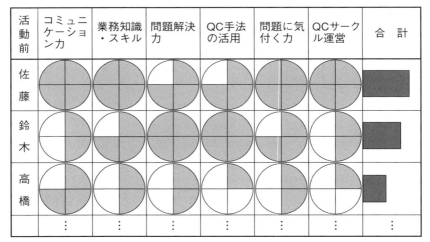

図 6.1　能力の向上を評価する

2) QC サークルの運営に関するもの

に大きく分けて捉えるとよいと思います。

一人ひとりや QC サークルとしての能力の向上を評価したら、最後に、その結果にもとづいて、自分たちの長所・弱点を明確にしてください。そ

のうえで、次の活動でさらにどのような能力の向上を目指すのか、目標を設定してください。

(3) 改善活動の進め方やQCサークルの運営の仕方を反省する

　良い成果(問題の解決や能力の向上)を得るためには、「品質を工程で作り込め」の考え方に従って、活動を行う手順や方法をしっかりしたものにする必要があります。活動とは「ある動きや働きをすること」で、自分たちが行った改善活動の進め方やQCサークルの運営の仕方の詳細を見直すことが該当します。これらについて振り返ることで、次の活動に取り組む際の課題が見えてきます。

　改善活動の進め方については、QCストーリーのステップごとに良かった点、悪かった点、次の活動で心がけたい点などを箇条書きでまとめます。未然防止型QCストーリーの場合は、

① テーマの選定
② 現状の把握と目標設定
③ 活動計画の策定
④ 改善機会の発見
⑤ 対策の共有と水平展開
⑥ 効果の確認
⑦ 標準化と管理の定着

に分けて検討することになります。一例を表6.1に示します。ステップごとの良かった点、悪かった点をまとめる場合、チェックリストになるものがあると便利です。自社・自組織やQCサークル本部・支部・地区の体験事例発表会で用いられている評価基準(配点や評価ポイントをまとめたもの)を活用するとよいと思います。未然防止型QCストーリーの評価基準の例を表6.2に示しておきますので参考にしてください。

　QCサークルの運営の仕方については、

❶ 中期や年度の活動計画の策定
❷ 会合の開き方・進め方

第6章　反省と今後の課題

表6.1　改善活動の進め方についての反省と今後の課題の例

ステップ	良かった点	悪かった点	今後の課題
テーマの選定	・具体例を議論するなかで未然防止の必要性に気づいた	・対象プロセスを選ぶ基準が曖昧だった	・危険性の高さ、職場方針などを考慮して選ぶ
現状の把握と目標設定	・4Mによる分類を行い、問題の種類を絞り込めた	・目標値を合理的に設定できなかった	・目標値の根拠についてしっかり議論する
活動計画の策定	・勉強会を行い、各ステップで行うことを理解できた	・改善機会の洗出しに時間がかかった	・範囲を絞って短期間で行う工夫をする
改善機会の発見	・過去事例から失敗モード一覧表を作成・活用できた	・FMEAを作成するのに苦労した	・簡便に行える方法を工夫する
対策の共有と水平展開	・若手からも多くの対策のアイデアが出た	・対策案を評価選定する基準が曖昧だった	・対策分析表の各項目の評価基準をつくる
効果の確認	・RPNを用いて定量的に効果を確認できた	・トラブル0を実現できなかった	・「なぜ、未然に防げなかったのか」を分析する
標準化と管理の定着	・未対策の問題をリスクマップにまとめた	・他の作業や設備への水平展開が不十分	・設計部門の技術標準に反映してもらう

表6.2　未然防止型QCストーリーの評価基準の例

ステップ	配点	評価ポイント
テーマの選定	10点	・データ・事実にもとづいて、未然防止に取り組む必要性(同じ問題が別の場所で起こっていること)を理解している。 ・業務などを一覧にしたうえで、それぞれの量やトラブル・事故による危険性の高さをランクづけするなど、テーマに取り組む必要性を明確にしている。

表 6.2 つづき 1

ステップ	配点	評価ポイント
現状の把握と目標設定	10点	・過去のトラブル・事故やヒヤリハットなどを集め、原因から結果に至る過程のなかでの共通性を見つけている。 ・4Mによる分類や人の不適切な行動のタイプによる分類などを考え、グラフなどを活用して割合を調べ、対象にすべき問題の種類を絞り込んでいる。
活動計画の策定	10点	・未然防止型勉強会QCストーリーについての勉強会を開くなど、各ステップについてどのようなことを行うことになるのか全員で十分すり合わせている。 ・改善機会の発見と対策の共有と水平展開を交互に進めたり、効果の確認を短期と長期に分けたりするなど、進め方の工夫を行っている。
改善機会の発見	20点	・過去に発生した問題の事例を収集し、似たものをまとめて失敗モード一覧表を作成し、活用している。 ・対象となるプロセスをプロセスフロー図などにより見える化し、検討のしやすい大きさに分けている。 ・FMEA表などを活用し、起こりそうな問題を数多く系統的に洗い出している。 ・RPNなどを活用し、対策の必要性を判定するための基準を明確にしている。
対策の共有と水平展開	20点	・過去に効果のあった対策を収集し、対策発想チェックリストや対策事例集にまとめ、活用している。 ・他の対策を参考にしながら、自由な発想で、できるだけ多くの対策案をつくっている。 ・評価・選定する基準を明確にしている。 ・対策案の作成、評価・選定、実施に当たって多くの人の協力を得ている。
効果の確認	10点	・RPNなどを活用し、対策の効果を見積もっている。 ・ある程度の期間のデータを集め、目標が達成できたかどうかを確認している。 ・目標を達成していなかった場合、起こっている問題を、FMEA表や対策案の評価結果などと照らし合わせ、「なぜ、未然に防げなかったのか」を分析している。

表 6.2　つづき 2

ステップ	配点	評価ポイント
標準化と管理の定着	10 点	• 現時点では良い対策案がない問題について、標準書やリスクマップを工夫し、そのような危険が残っていることが職場の全員にわかるようにしている。 • 他の作業・設備への水平展開を行うとともに、技術標準書へ反映している。 • 失敗モード一覧表、対策発想チェックリストなどを積極的に共有している。
反省と今後の課題	10 点	• 能力の向上、活動の進め方、対象とした問題などの視点から振り返りを行い、良かった点、悪かった点をまとめ、今後の課題を明確にしている。

❸　QC サークルやメンバーの成長に向けた努力（勉強会、相互啓発など）
❹　チームワークと役割分担
❺　自主的（自律的・自走的）な運営
❻　他サークル・スタッフ・職制との連携
❼　報告・発表

などの項目に分けて、表 6.1 と同様の形でまとめるとよいと思います。こちらは、QC サークル本部編『QC サークル運営の基本』（日本科学技術連盟、1997 年）にまとめられている項目やポイントや QC サークル選抜大会の評価基準などが参考になります。

(4)　達成したこと、まだできていないことを考える

「能力」と「活動」に続く、もう一つの視点は「問題」です。取り組んだ問題について達成できたこと、まだ取り組めていない問題について、少し距離を置いて広い視点から振り返ってみましょう。

未然防止型 QC ストーリーでは、「同じ問題が別の場所で起こっている」

という認識にもとづいて、起こりそうな問題を洗い出し、あらかじめ対策を行います。すべてのプロセスやすべての種類の問題を対象にするわけにいかないため、「テーマの選定」では、問題を多く含んでいると考えられるプロセスを選定します。また、「現状の把握と目標設定」では、人の不適切な行動がかかわっているもの、設備の不具合・故障がかかわっているもの、外部から提供された材料・情報の不具合・不備がかかわっているものといった4Mによる分類などを行い、対象とする問題の種類を絞っています。プロセスと問題の種類という2つの側面から絞り込みを行ったのですが、活動を終えた段階で表6.3のような一覧表を作成してみると、

- 対象とした領域（プロセスや問題の種類）について十分効果が得られたのか

表 6.3　職場における問題マップの例
（ヒヤリハットや担当者の気づきを含む、活動後）

問題の種類			プロセス ○○業務	△△業務	...	合計
従来わかってなかった原因によるもので、新たな対策検討が必要なもの			5	4	...	17
すでにわかっているノウハウの検討漏れ・検討不足	人の不適切な行動がかかわっているもの	知識不足・スキル不足	6	13	...	46
		意図的に標準を守らなかったもの	16	9	...	39
		意図しないでうっかり間違えたもの	8	27	...	85
	設備の不具合・故障がかかわっているもの		28	19	...	88
	外部提供の材料・情報の不具合・不備がかかわっているもの		16	11	...	46
	その他		6	3	...	16
合計			85	86	...	337

注）　網掛けは、今回の活動で取り組んだプロセスや問題の種類を示す。

第 6 章　反省と今後の課題

　　・対象としなかった領域としてどのようなものが残っているのか

などが一目でわかり、達成感を感じるとともに、今後取り組むべき問題が明確になります。

　なお、「問題」が減った効果はさまざまな面に現れます。QCDSEM などの視点から、達成できたこと、不十分な点などを整理してみるとよいと思います。問題が減ったことで、品質だけでなく、生産性が向上したり、怪我が減ったり、働く人の不安感や負担感が減ったりなど、思いもよらなかった効果が得られていることが実感できます。また、まだ十分効果を引き出せていないところも見えてきます。

6.2　実践例

(1)　業務で発生するヒューマンエラーや技能不足によるトラブルを防止する

　〇〇支店の A サークルは「顧客対応業務におけるヒューマンエラー・技能不足によるトラブルの低減」の活動を振り返り、反省と今後の課題の検討を行いました。

　初めての未然防止型 QC ストーリーであり、テーマの決定や手法の適用など、活動に時間がかかりましたが、受注から発送までの仕事の流れを全員が理解できるとともに、未然防止型の活動を成功させることができました。また、新しいことへの挑戦を通してサークルが一つにまとまるとともに、サークルの能力も大幅にアップしました (図 6.2)。

　他の業務についても取り組むこと、ポイントを押さえたよりスピーディな活動を行えるようになることが今後の課題です。

(2)　ヒューマンエラーを防ぎ、職場の安全を確保する

　〇〇スーパーの C サークルは「品出し作業における切傷事故の防止」の活動を振り返り、反省と今後の課題の検討を行いました。

　未然防止型 QC ストーリーを使った 2 件目の活動でしたが、1 件目のときよりも各ステップで手法をうまく活用しながら活動を進めることができ

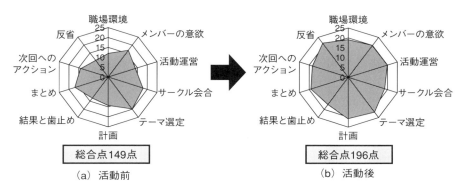

出典）タカノ株式会社・急吟着サークル（2010）：「受発注時のトラブルを防ごう　受発注業務の見える化」、『QCサークル』2010年5月号、No.586、p.33、図・2を参考に作成。

図 6.2　サークルの能力の向上についての反省

ました（表 6.4）。また、サークルのレベルについては、目的追求、専門知識、固有技術、連携協力、手法活用、意欲向上のいずれの項目においても、活動前に比べて 0.5〜1 段階のレベルアップを図ることができました。

ただし、忙しくなるとどうしても作業性を優先してしまい、決めたことをどうやって周知・徹底していくかが今後の課題です。

(3)　新製品の立上げにおける問題を未然に防ぐ

○○工場の D サークルは「問題を未然に防ぎ、新製品の生産量の目標を期日までに達成する」の活動を振り返り、反省と今後の課題の検討を行いました。

活動のステップごとに良かった点・悪かった点をまとめました。改善機会の発見では「細かく追究することができたこと」が、対策の共有と水辺展開では「他係の応援をもらえたこと」が良かった点として挙がりました。反面、改善機会の発見で「FMEA が初めてだったので、上司に負担をかけてしまったこと」が悪かった点で、これを克服することが今後の課題です。サークルのレベルおよび一人ひとりの能力レベルの向上についても振り返りを行いました。今回の活動では、未然防止型 QC ストーリー

表 6.4　ステップごとの良かった点・悪かった点・今後の課題

ステップ	良かった点	悪かった点	今後の課題
テーマ選定	勉強を重ねて労災をテーマに取り上げた	リーダーが主導してテーマを決めた	メンバーとよく相談して決める
現状把握	手法を活用できた	労災データを活用しきれなかった	労災データを活用した分析も行う
目標の設定	0件を目標値にした	効果確認期間を明確にしていなかった	期間を決めて確認する
活動計画	計画どおり期日までに終えることができた	対策実施が時間不足で駆け足になった	全員で役割分担する
改善機会の発見	FMEAなどの手法を活用して進めた	RPNの高いエラーを見落とした	RPNが16点以上は要対策とする
対策の共有と水平展開	SPNを用いて対策案を選定できた	対策案がなかなか出なかった	メンバーから多く意見を集める
対策実施	画像を使うことでやり方を共有できた	作業性が少し悪化した	メンバーが実施しやすいように工夫する
効果の確認	グラフで表した	全体効果、無形効果の検証が少なかった	メンバーからの感想も反映する
標準化と管理の定着	メンバーが継続できる方法を考えた	新人などへの周知の方法が曖昧であった	「どうする」を具体的にまとめる

出典）　アクシアル リテイリング株式会社・ホップステップジャンプサークル（2016）：「品出し作業における切傷事故の防止」、『第94～97回TQM発表大会　変革への挑戦』、アクシアル リテイリング、p.21を一部修正。

や未然防止型QC七つ道具に関するメンバー全員の理解を深めることができ、サークル全体としては活動の運営のレベルを大きく向上させることができました（図6.3）。

6.2 実践例

① サークルのレベル

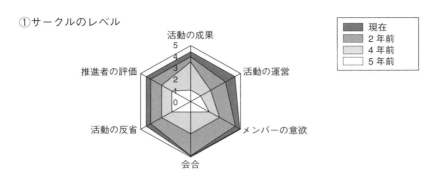

② 個人のレベル

パソコン			知識・技能									業務	QCC	手法			改善手続				パソコン		
基準情報管理システム	ルネシステム	タイムプロ	課内調整	品質判断	初動チェック	品質計画書理解	品質計画書準備	各工程管理点	各工程点検点	測定機器操作	数量管理	安全管理	衛生管理			QC七つ道具	新QC七つ道具	IE手法	未然防止手法	問題解決型	課題達成型	施策実行型	未然防止型	エクセル	ワード	パワーポイント

（メンバー：小嶋、藤野、高橋、長坂、市川、横川）

凡例：できない(0%)、やったことがある(25%)、聞けばできる(50%)、一人でできる(75%)、指導できる(100%)

出典） 株式会社コーセー・かすみ草サークル（2016）：「必要なのは今！ 学ぶが育てたサークルの和」、『第46回全日本選抜QCサークル大会（小集団改善活動）発表要旨集』、日本科学技術連盟、p.80。

図 6.3　活動を通したサークルおよび一人ひとりの成長

第7章
未然防止型 QC ストーリー　Q&A

　未然防止型 QC ストーリーの各ステップについて解説してきましたが、どうでしたか。少し難しく感じたところもあったと思いますが、実際に取り組んでみると意外に新しい発見が多かったのではないかと思います。最後に、全体を通じて十分説明しきれていない点について、Q&A 形式で補足的な説明を行いたいと思います。

Q1　未然防止が必要な問題とは

> 　未然防止が必要な問題とそうでない問題の区別が今ひとつ理解できません。もう少し詳しく説明してください。

　品質管理では昔から、問題を「当該の組織にとって技術的に未知の原因によるものかどうか」で「技術不良」と「管理不良」に分けてきました[13]。「技術不良」は、その発生メカニズムが、今までに経験したことのない、未知のものによる問題です。そのようなメカニズムが存在すること自体がわかっていないため、実際に発生するまでは、予測したり、対策を考えたりすることは困難です。これに対して、「管理不良」は、一見すると新しい問題のようですが、中身をよく調べてみると「別の場所」、すなわち、別の担当者、別の業務、別の事業所で経験済みのメカニズムによって起こった問題です。組織としては、とりこぼしであり、うまくやっておけば防止できたはずのものです。近年、さまざまな分野で発生している問題を見ると、上記でいう管理不良に分類できるものが増えています。分野によって異なりますが、8〜9割が管理不良という場合も少なくありません。
　管理不良については、発生した問題を1件1件対策しても結果に対する

応急処置にしかならず、本質的な解決になりません。とりこぼしを減らすために、未然防止の視点でアプローチすることが必要です。

図7.1は、問題を技術不良（ノウハウの不足による問題）と管理不良（既知のノウハウの不適切な活用による問題）に分けたうえで、管理不良の原因をさらに細分したものです。管理不良は、大きく見ると、相手に危害を加える悪意のあるもの（犯罪）とそうでないもの（失敗）とに分けられます。悪意のあるもの（犯罪）については倫理観を養ったり処罰を厳しくしたりすることで対応できますが、悪意のないもの（失敗）には効果がありません。

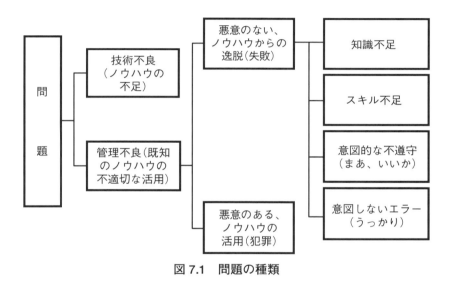

図7.1　問題の種類

失敗の原因はさらに4つに細分できます。まず、新人や応援の人にきちんと知らせること、必要な能力を身につけてもらうことができておらず、「知らなかった」や「スキルがなかった」というケースがあります。また、知っていた、スキルがあったにもかかわらず、「お客様から急がされた」「必要な情報や機器がなく、まあ大丈夫だろうと思って別のやり方で行った」というケースもあります。さらには、人間なるがゆえの「うっかり忘れた」「間違えた」といった意図しないヒューマンエラーを起こすケースも

あります。これらは、それぞれ、「知識不足」「スキル不足（技能不足）」「意図的な不遵守」「意図しないエラー」とよばれます。

これらの失敗が設計開発、製造、販売、サービス提供などの業務で起こることによって、市場や客先でトラブル・事故が発生したり、設備が頻繁に故障したり、人が怪我をしたり、緊急時にうまくことが運ばなかったりします。逆にいえば、これらを効果的・効率的に防ぐことができれば、管理不良を大幅に減らすことができます。

なお、これらの失敗を予測したり対策したりする場合、いつでも"人の不適切な行動"を失敗モードにするのがよいとは限りません。むしろその結果である不適切な設計や設備の不具合・故障などを失敗モードとするほうが効果的な改善機会の発見や予測や対策の検討ができる場合もあります。

Q2　未然防止と再発防止、水平展開との違いは

> 再発防止と未然防止の違いがよくわかりません。未然防止が別の場所で経験済みの問題の発生を防ぐことなら、再発防止ではないのですか。また、水平展開という言葉を聞くことが多いのですが、未然防止と水平展開の違いは何ですか。

「再発防止」は、問題が発生したときに、プロセスや仕事のしくみにおける原因を調査して取り除き、今後二度と同じ原因で問題が起きないように対策するという考え方です[1][4]。ただし、一口に再発防止といっても実はさまざまなレベルがあり、大きく分けると次の3つのレベルがあります[3]。図7.2は、これを模式的に表したものです。

① 問題の発見された製品・サービスおよびその提供プロセスに対する個別の再発防止
② 同類の製品・サービスおよびその提供プロセスに対する再発防止（類似原因の再発防止）
③ 製品・サービスおよびその提供プロセスを生み出す仕事のしくみ

Q2　未然防止と再発防止、水平展開との違いは

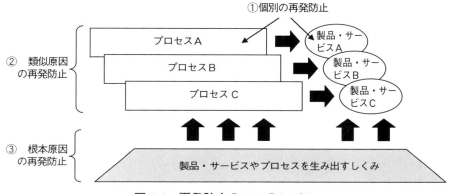

図 7.2　再発防止の 3 つのレベル

に対する再発防止（根本原因の再発防止）

例えば、生産プロセスにおける材料の投入ミスに対して、その材料の置場や投入指示書を改善するのは①であり、その他の置場や投入指示書についても見直して問題があれば改善するのは②です。これらに対して、置場を設計するしくみ、指示書を作成するしくみに作業実施時のミスに対する事前検討・チェックのステップを追加するのは③です。

多くの職場の再発防止対策書や是正処置報告書の内容を見ると、①だけしか行われていないことが少なくありません。これは技術不良が支配的なときにはよいのですが、管理不良が多い場合には単に応急処置を繰り返しているだけになります。したがって、管理不良が増えるにつれてより深いレベルの再発防止にシフトすることが必要なのですが、再発防止という同じ言葉を使っていたのでは「類似原因の再発防止」という意図を明確に伝えられないため、未然防止という言葉が生まれたと考えてください。

また、②の再発防止は「水平展開」や「横展開」とよばれることも少なくありません。しかし、品質保証部門や安全管理部門の方と話をすると、「他の職場で起こったトラブル・事故の対策を水平展開してもらおうとトラブル・事故のデータベースをつくったが活用されない」という悩みをよく聞きます。問題を起こしていない人に「他の職場や組織の失敗から学び

なさい」といくら言っても、経験がないのですから無理やり水を飲ませるようなもので、うまくいきません。ところが、未然防止の立場から「自分の仕事のなかで問題が起きそうなところがないか探し、起きる前にあらかじめ対策しなさい」と言うと、「何か手がかりになるものはないか」と探し回り、他の職場・組織の失敗から一生懸命学ぼうとします。水平展開も未然防止も同じ意味なのですが、問題を起こしていない人からすると随分受け止め方が違います。組織のマネジメントを考えるときには、相手にとって言葉がもつ意味合いを大切にするのがよいと思います。

Q3　ヒヤリハット活動やリスクアセスメントとの関係は

> トラブル・事故の防止のためにヒヤリハット活動を行っていますが、これとは別に未然防止活動を行う必要がありますか。また、未然防止型QCストーリーのステップ4で行っている内容を見るとリスクアセスメントとして行っていることと同じだと思うのですが、何が違うのですか。

一般に、トラブル・事故として表面に現れてくるのは氷山の一角で、水面下には、トラブル・事故に至らなかった多くの事例があるといわれています。例えば、H.W.ハインリッヒ[17]は、多くの職場における死亡、骨折、かすり傷の割合を調べ、1：29：300の割合で生ずるという法則を導いています(図7.3)。その意味では、発生した少数の重大トラブル・事故を深く分析することも大切ですが、トラブル・事故には至らずとも、「ヒヤリ」としたり「ハット」したりした多くの事例を集めて横断的に分析し、未然防止に役立てることが重要です。

ただし、これらの事例は、積極的に収集しなければ、個人的な経験として埋もれてしまう場合が大半です。したがって、長期的な視点に立って、

　① ヒヤリハットを集める目的や改善は仕事の一部であることを職場の全員が納得し、一致協力して取り組んでいく雰囲気をつくる

Q3 ヒヤリハット活動やリスクアセスメントとの関係は

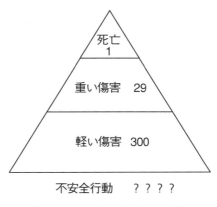

図7.3 ハインリッヒの法則

② 事例収集用のフォームや帳票を用意したり、これらを職場に備え付けたりするなど、簡単に記入・提出できるような環境を整える
③ いろいろな事例をもとに「どのようなところに危険が潜んでいるのか」「これらがどのようなトラブル・事故につながる可能性があるのか」について議論する場を設ける
④ 集めたヒヤリハットについては、管理職・スタッフを含めた職場の全員による協力や必要な責任・権限をもった委員会による討議などを経て、具体的な改善につなげる体制をつくる
⑤ ヒヤリハットを出すことで個人が悪い人事評価を受けたり、罰せられたりすることがないことを明確にしておく

など、ヒヤリハットを出しやすい環境づくりに取り組むことが重要です。

このように考えると、ヒヤリハット活動と未然防止活動とは密接な関係があり、両方に一緒に取り組むことで相乗的な効果を引き出せることがわかります。未然防止の取組みを行うことで、業務に隠れているリスクに対する一人ひとりの感受性が高まるとともに、隠れたリスクを洗い出すことに対するより系統的なアプローチができるようになります。また、リスクに対して着実に改善が進んでいるという実感を得ることができ、ヒヤリハットを積極的に出そうという雰囲気が醸成されます。逆に、みんながヒヤ

リハットを多く出し、それらに対する対策についての議論が活発になれば、失敗モード一覧表や対策事例集など、未然防止活動のためのツールをまとめるうえでの貴重な情報源となります。

リスクアセスメントは、リスク（目的に対する不確かさの影響）の特定、特定したリスクの特質を理解してリスクレベルを決定する「リスク解析」、リスクやその大きさが受容可能かまたは許容可能かを決定する「リスク分析」から成り立っています[18]。また、「リスク対応（排除や低減など）」「リスクの受容」「リスクコミュニケーション」まで含めてリスクマネジメントとよばれます。

したがって、リスクアセスメントやリスクマネジメントは、未然防止活動のための一つの手段と考えるとよいと思います。当然、行う内容は似たものになります。リスクアセスメントをすでに行っているようなら、それを未然防止活動に取り組むベースに使えると思います。リスクアセスメントは多くの場合、"安全"に焦点を絞っている場合が多いので、類似の方法を品質、環境、生産性などにも広げることを考えるとよいと思います。

Q4　他のQCストーリーとの使い分けは

> QCストーリーには問題解決型、課題達成型、施策実行型などもあります。これらと未然防止型QCストーリーとをどのように使い分けたらよいのですか。

それぞれのQCストーリーには得意とするテーマがありますので、テーマの内容を考えて最も適したストーリーを選ぶことが大切です[6]~[10]。**図7.4**は、「テーマの内容によってどのストーリーを使うべきか」を判定するためのフローチャートです。

使い分けを考える場合の最初のポイントは、「従来から行ってきた仕事か」「今までに経験のない仕事か」です。

そのうえで、従来から行ってきた仕事の場合には、「過去に経験のある

Q4 他のQCストーリーとの使い分けは

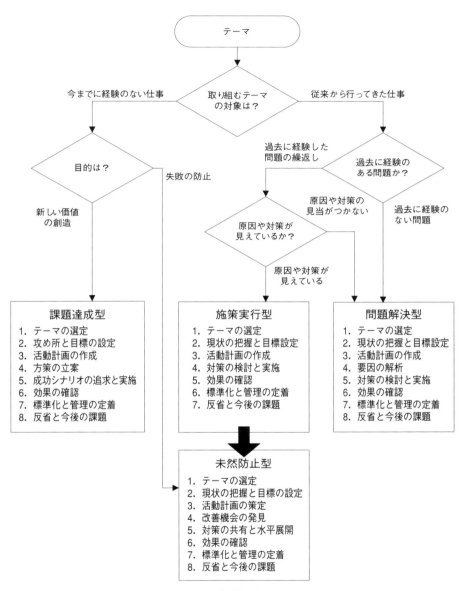

図 7.4 QC ストーリーを選ぶためのフローチャート

問題かどうか（類似の問題が起こったことがあるか）」「要因や対策がある程度見えているかどうか」を考えます。過去に経験のない問題や、過去に経験した問題だが要因や対策の検討がつかない場合は、「問題解決型」を使います。具体的な一つの問題に絞って要因の解析を徹底して行い、特定した原因に対する効果的な対策を検討することで、新たなノウハウの獲得を目指すわけです。

　これに対して、過去に経験のある問題で、しかも原因や対策が見えている場合には、要因の解析は不要です。このため、すぐに対策を検討して実施する「施策実行型」を使うことになります。ただし、これはよくよく考えると、あらかじめ対策が打てたにもかかわらず打っていなかった、言い換えればすでにわかっていたノウハウの検討漏れ・検討不足ともいえます。個別の問題に対する対策だけで終わっていてはモグラたたき状態から抜け出せません。もう少し広い視点に立って、「なぜ、問題をあらかじめ洗い出し、対策を打てていなかったのか」を考え、「未然防止型」の活動に発展させるのがよいでしょう。

　他方、今までに経験のない仕事の場合には、テーマの目的を考えます。今までになかったような新しい価値の創造をねらう場合は、仕事のやり方を新たに考案したり、抜本的に変えたりすることが必要になりますので、「課題達成型」を使います。また、従来の仕事で起こした失敗を繰り返さない（すでにわかっているノウハウの検討漏れ・検討不足を防ぐ）ことをねらう場合には、「未然防止型」を適用します。

Q5　上司や関係者に未然防止活動の必要性を理解してもらうには

> 　職場で発生しているさまざまな問題を見ると、過去の問題の繰返しが多く、未然防止活動に取り組むことが大切だと思うのですが、どのようにして上司や関係者に活動の必要性を理解してもらえばよいでしょうか。

大きいトラブル・大事故が起こると、「あらかじめ対策を行っておけば」と悔やむのはよくあることです。
　このようなことが起こる背景の一つには、大きいトラブル・大事故が起こると職場・組織やそこで働く人達、ひいては顧客や社会にどれだけ大きいインパクトを与えるのかが十分認識できていないことがあると思います。したがって、この不十分な認識を改めてもらう努力が必要になります。トラブル・事故が与える影響の大きさについては、過去のトラブル・事故の事例から学べることが少なくありません。特に、自分の職場で過去に起こったトラブル・事故があれば、身近な事例としてぜひ活用すべきです。また、他の職場や組織で発生したトラブル・事例でも、それらから学べることは多いと思います。そのような事例を集めて、トラブル・事故の悲惨さ、それらを防ぐ大切さを実感できるようにするのがよいでしょう。ただし、人が入れ替わり、当該のトラブル・事故を直接経験した人がいなくなるにつれて、どうしても風化していきます。トラブル・事故の悲惨さやそれらを防ぐ大切さを学べる資料や場を用意し、伝えていく努力を継続することが必要です。
　トラブル・大事故の悲惨さはわかっていても、自分の職場や組織とは関係のないものという考え方が強い場合もあります。大きなトラブル・事故は実際には起こっていないけれど、自分たちの職場や組織でも起こる可能性が高いことをデータ・事実で示すことが必要です。職場や組織で発生しているヒヤリハットやインシデントの事例を整理し、大トラブル・事故の一歩手前のことが現実に起こっていること、しかも繰り返し起こっていることをグラフや表で示すとよいと思います。言葉で一生懸命伝えようとしても伝わらないことが、グラフや表で表現すると一目瞭然となります。
　さらに、「未然防止活動とはどのようなことを行うのか」「そのようなことを行うことでトラブル・事故を未然に防げるのか」ということに疑問がある場合もあります。未然防止型QCストーリーの解説などを活用して活動の進め方や内容を理解してもらうこと、他の職場や組織での成功事例について、資料を見たり、発表を聞いたりできるようにすることなどが必要

です。

最後は、そのような困難な取組みをやり抜く熱意がメンバーにあることを示すことも必要でしょう。

Q6　FMEAをもっと簡単に行いたい

> FMEAはプロセスや設備などに隠れているリスクを系統的に洗い出すためには有効だと思うのですが、実際に適用しようとすると結構時間がかかります。もっと簡単に行える方法はないのでしょうか。

第3章では、プロセスフロー図／機能ブロック図やFMEA表を中心に説明しましたが、少し面倒だと感じた人もいると思います。しかし、改善機会の発見のための手法はこれだけではありません。要は、「同じ問題が別の場所で起こる」可能性に気づくことができればよいのです。

FMEA表では、サブプロセスやサブコンポーネントごとに、失敗モード一覧表を見ながら、起こり得る問題を具体的な表現に直しながら列挙していきます。しかし、別の用紙に書かれた一覧表を見ながら考えるのは意外に面倒です。うっかりすると一覧表に載っている失敗モードを抜かしてしまったりすることが少なくありません。こんな場合には、サブプロセスまたはサブコンポーネントを縦に並べ、失敗モードを横に並べたマトリックス表をつくり、各欄に、「●過去に問題が起こった」「◎起こっていないが十分起こりそう」「○ひょっとすると起こるかもしれない」などのマークを記入していくのも一つの方法です(表7.1)。この場合、「致命度」や「検出度」を欄ごとに評価するのは難しいので、サブプロセスやサブコンポーネントごとにまとめて評価します(●〜○を3〜1にするなどの点数づけを決めて、致命度や検出度と掛け合わせ、一定以上のものを対策する)。失敗モードによって「致命度」や「検出度」は異なるため厳密には正しくないかもしれませんが、対策すべき失敗モードを明確にするうえでは十分役立ちます。このマトリックスは、実際に起こった問題以外にも

Q6 FMEAをもっと簡単に行いたい

表7.1 マトリックスを活用した起こりそうな問題の洗出しの例

骨組立工程の サブプロセス	①抜かす	②順序を逆にする	③重複して行う	④不要なことをする	⑤選び間違える	⑥量を間違える	⑦認識し間違える	⑧間違ったところをつかむ	⑨間違った掴み方をする	⑩誤って落とす	⑪誤って離す	⑫落ちる	⑬つまずく	⑭合わせそこなう	⑮記述し間違える	⑯うっかり危険物に触れる	⑰うっかり危険な状態にする	機能への影響	コストへの影響
1. 治具を整備	○	○	○							○								0	1
2. 部品を確認				○	○	○												1	0
3. 部品を棚から取り出す	○		○		○					○		○				○		4	2
4. 作業台の上に集める	○															○		2	1
5. 部品にラインを入れる															○			3	2
6. 工具を選ぶ	○		○		○													1	2
7. 穴を空け、バリをとる	○	○						○	◎							◎		4	1
8. 取り付け位置を調べる			○	○				◎										2	0
9. コンターを合わせる		○					○								○			1	2
10. 部品を治具にセット	○	◎	○	◎			◎											4	2
11. ロケータを取り出す																		0	0
12. ロケータをセット	○	○	○	◎	◎		●			◎		○		●		○		4	2
13. 下穴を通す	○																	2	2

出典) 中條武志(2013):「未然防止を実践する 2.仕事に潜むリスクを系統的に洗い出そう」、『QCサークル』2013年8月号、No.625、p.56、表・1を参考に作成。

「こんなに起こりそうな問題があったのか」とみんなが実感できるという意味でも良い工夫だと思います。

また、プロセスフロー図は工程や業務を構成する"活動"のつながりを、機能ブロック図は製品や設備を構成する"物"の関連を書き表したものです。ヒューマンエラーや故障の発生が活動の内容や物の属性・構造に大きく依存している場合には、まさにこのような捉え方をすることで起こ

りそうな問題をうまく列挙することができます。

しかし、ヒューマンエラーや故障の発生が、活動を行ったり物を使ったりしている周りの環境の影響を強く受ける場合もあります。例えば、フォークリフトを使って荷物の搬送を行っている場合のトラブルや事故などです。このような場合には、むしろ、活動を行ったり物を使ったりしている場所の地図を書いて、そのうえで、起こりそうな問題を系統的に書き込んでいく、あるいはポストイットなどに書いて貼っていくほうがうまくいきます（図 7.5）。

その意味では、必ずプロセスフロー図／機能ブロック図を作成しなければならないと考えないでください。洗い出そうとしている「問題」の発生が何に大きく依存しているのかを考え、検討すべき対象を視覚的に捉えられるようにすることが大切です。

以上、改善の機会の発見に関する工夫を説明しましたが、対策の共有と

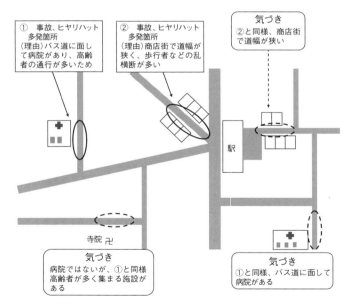

出典）　国土交通省：「事故、ヒヤリ・ハット情報の収集・活用の進め方（自動車編）」（http://www.milt.go.jp/common/001061869.pdf）、p.78 を一部修正

図 7.5　場所による改善機会の発見の例

水平展開などの他のステップについても同じです。「何が本質なのか」を理解したうえでいろいろな工夫を行うことが大切だということを忘れないでください。

Q7　どこまで問題を洗い出すべきですか

> FMEAを用いて問題を洗い出そうとしているのですが、考えるときりがありません。なかには「そこまで考える必要はないのでは」と思えるようなものもあります。どこまでの問題を洗い出せばよいのでしょうか？

「可能な限りなるべく多く挙げる」というのが原則です。問題がありそうだと気づいても大丈夫だろうと思って書き出さないと、当該のリスクがあることが他の人にはわかりません。場合によっては、本人たちも忘れてしまいます。起こる可能性があるのならとりあえず書き出したうえで、リスクの大きさをRPNなどで評価し、対応が必要ないと判断したことを記録に残しておくのがよいでしょう。

また、問題のなかには、当該の問題が単独で発生しただけだと、すぐに発見できたり修正できたりするため、大したことのないように思えるものもあります。ただし、これらが同時に起こったり、連鎖的に起こったりすると大きなトラブルや事故につながる場合もあります。可能性が全くないものは書き出す必要はありませんが、そうでないものについては、リスクを評価すると小さくなりそうだからという理由で安易に無視しない態度が大切です。

さらに、まとめると同じ表現になりそうな問題でも、細かく見るといくつかの異なる形態に分けて考えることができるものもあります。例えば、同じ「抜け」でも、一連の作業をすべて抜かす場合もあれば、最初や最後などの一部の作業だけを抜かす場合もあります。また、同じ「折損」でも、折れてきれいに二分する場合もあれば、粉々になる場合もあります。

第 7 章　未然防止型 QC ストーリー　Q&A

このようなときには、発生原因や起こった場合の影響が異なると考えられる問題(リスクの大きさが異なると考えられる問題)については分けて列挙するという原則に従うのがよいでしょう。

　サブプロセスやサブコンポーネントをどのくらいの大きさに分けているのかにも依存するため一概にはいえないのですが、サブプロセスやサブコンポーネント当たりの洗い出している問題の数を計算してみるのも一つの方法です。ヒューマンエラーについては、一つのサブプロセスについて 4 〜 5 個のエラーが考えられるのが普通です。したがって、列挙しているサブプロセス当たりのエラー数が 1 〜 2 個しかないようなら、洗い出し方が不足している可能性があります。過去の成功した事例などを参考に、おおよその目安を明らかにしておくのも一つの方法だと思います。

Q8　未然防止型 QC ストーリーを発表することになりました

> 未然防止型 QC ストーリーを社内大会で発表することになりました。どんな点に注意すればよいでしょうか？

　活動成果を発表する際、自分たちの工夫したところや苦労した点を伝えたいと思っても、なかなかうまくわかってもらえないことがあります。このようなことが起こるのは、活動を進める場合の難しさやそれを乗り越えるためのポイントが、発表する側と発表を聞く側で共有できていないためです。

(1)　未然防止型の活動の難しさを理解する、理解してもらう
　未然防止型の活動には、問題解決型や課題達成型にない難しさとして、
　　①　起こっていない問題に取り組む難しさ
　　②　多くの対策を同時に検討・実施する難しさ
　　③　マンネリ化を防ぐ難しさ
などがあります。これらを理解しておくことが、また話を聞いてもらう相

手に理解してもらうことが良い発表を行うための第一歩です。

　未然防止型の活動の一番の難しさは「起こっていない問題」に取り組まなければならないことです。すでに起こった事故・トラブルだけを追いかけていてはモグラたたきにしかなりません。実際に起こっていないけれど、将来の事故・トラブルの原因になりそうなものについても対策することが重要で、「そのことを活動する人がどうやって納得するか」「上司や関係者に納得してもらうか」がポイントになります。このためには、一見すると別の問題のようだけれど、よくよく見ると「同じ問題が別の場所で繰り返し起こっている」ことをデータ・事実で示す必要があります。また、このような、多種多様な事故・トラブルの背後に存在している規則性をうまく利用し、起こりそうなものを抜け落ちなく洗い出す必要があります。

　問題解決型では「重点志向」が大切で、問題の内容や発生箇所についてのパレート図を作成し、発生頻度や損失額の大きな項目に絞り込むのが有効です。これによって要因の解析や対策の検討に十分な時間をかけることができ、現状打破が行えます。これは課題達成型の場合も同じです。しかし、管理不良、特に悪意のないノウハウからの逸脱（失敗）による事故・トラブルの場合には、一つひとつの問題は発生率が低いため、個々の対策の効果は大きくありません。起こりそうな、または起きると重大な結果を引き起こす可能性のある「すべて」の問題に対する対策を一度に打つことが求められます。少数に絞り込んで一つひとつの対策に時間をかけるのでなく、数多くの対策をどれだけ早く着実に実施できるかが成否の分かれ目となります。

　問題解決型・課題達成型では、一つのテーマが片づくとそれとは技術的に異なった内容のものをテーマとして取り上げるため、同じアプローチの仕方であっても毎回新たな気持ちでチャレンジしやすいのが普通です。ところが、未然防止活動の場合、管理不良や失敗を対象としていることに変わりがないため、よりマンネリ化が起こりやすくなります。これを打ち破るには、起こりそうな失敗の洗出しや対策案の作成に関する新しい手法を積極的に学んで活用するのがよいでしょう。新しい手法を取り入れること

で、より高いレベルを目指して挑戦する姿勢がないとすぐにマンネリ化するのが未然防止活動のもう一つの難しさといえます。

(2) 未然防止型の活動を発表する際のポイント

　未然防止型QCストーリーに沿って発表を行う場合、上で述べた未然防止型の活動の難しさをどう克服したか、その点についての工夫が具体的にわかるような発表をするのがよいでしょう。

① 「未然防止」が必要なことを、どのようにして気づいたか。上司や関係者にどうやって訴えたか。「同じ問題が別の場所で起こっている」ことを、データを用いてどのように把握したか。起きた問題を対策するのは当然ですが、起こる前に対策をしたほうがよいと思いながら日常の仕事に流されているのが普通です。「なぜ、未然防止に取り組もうということになったのか」を、ぜひ説明してください。

② 過去の事故・トラブルの原因となった失敗の事例をどのように収集し、似たものをどうまとめてどのような「失敗モード一覧表」をつくったか。

③ 対象となる製品・サービス／業務をどのように見える化し、検討のしやすい大きさに分けたか。また、いかに系統的に失敗モード一覧表を適用し、どれだけ数多くの起こりそうな失敗を洗い出したか。FMEA表などのリスクを洗い出した資料は量が多くなりますので、すべてを発表しようとするとわかりづらくなります。発表の際にはエラーモード一覧表・故障モード一覧表やリスクの点数づけの考え方を示したうえで、一部を例で示すとよいと思います。

④ どのような基準を用いて発生度、致命度、検出度の点数づけを行い、起こりそうな失敗のリスクの大きさを評価したか。どのような考えでリスクの大きさがいくつのものまでを要対策と判断したか。

⑤ 過去に効果のあった対策をどのように収集し、どのように整理して「対策発想チェックリスト」や「対策事例集」をつくったか。こ

れらを使ってどれだけ数多くの対策案をつくったか。行った対策のリストや数を示したうえで、対策のなかでもっとも工夫した点、苦労した点に絞り込んで説明したいところです。

⑥　対策案をどのように評価・選定し、有効な対策に仕上げたか。多くの人の協力を得てどのような体制で実施したのか。

⑦　FMEAなどの新しい手法をどうやって学び、活用したか。

なお、③や⑤に関して、少数の失敗に対する対策を問題解決型で発表しないように注意してください。当たり前の改善としか思われず、評価してもらえないと思います。多くの起こり得る失敗を考え、多くの対策を系統的に実施して成果を上げている点が感動をよぶことを忘れないでください。

また、FMEAなどの専門用語だけを並べた抽象的な発表をしないことも大切です。どんな工夫をしているかは、失敗モード一覧表、FMEA、対策発想チェックリストなどの具体的な内容を見ないとわかりません。全部を示す必要はありませんが、具体的な内容を示すことが大切です。

社内発表などでは、発表を聞く人にとって馴染みがないストーリーかもしれませんが、「未然防止型QCストーリー」ということを前面に出し、楽しく伝える発表を心がけてください。

Q9　未然防止型QCストーリーによる活動を指導する際のポイントは

> 未然防止型QCストーリーにより活動を指導する際に、どんなことに注意すればよいでしょうか。

未然防止型QCストーリーに沿った発表の指導・講評を行う場合、上で述べた未然防止型の活動の難しさを克服するためのメンバーやチームの苦労をねぎらうこと、さらにどんな工夫をするともっとうまく克服できるか、具体的な進め方をアドバイスすることが大切です。

①　「未然防止」が必要なことに気づいたことをほめる。気づかない

ことを叱るのでなく、「同じ問題が別の場所で起こっている」ことを、データを用いて把握する方法を指導する。
② 「失敗モード一覧表」をつくっていることをほめる。失敗モード一覧表をより有効なものにするための整理の仕方を指導する。
③ 対象となる製品・サービス／業務を図や表などで目に見える形にしていること、検討のしやすい大きさに分けたうえで「系統的」に検討し、数多くの起こり得る失敗を洗い出していることをほめる。洗出しが形式的・表面的なことを叱るのでなく、より深い検討を行うための方法を指導する。
④ 起こりそうな失敗についてリスクの大きさを評価するための基準をみんなで決めて適用していることをほめる。どこまで対策すべきかをどのような考え方にもとづいて決めたかを質問する。
⑤ 単なる思いつきでなく、過去に効果のあった対策を集めて、「対策発想チェックリスト」や「対策データベース」をつくっていることをほめる。また、これらを使って数多くの対策案をつくっていることをほめる。アイデアが乏しいことを叱るのでなく、アイデアを数多く出すための検討の仕方を指導する。
⑥ 対策案の評価を系統的に行っていることをほめる。多くの対策をうまく組み合わせて有効な対策を得ていること、多くの人の協力を得て実施していることをほめる。
⑦ FMEAなどの新しい手法を積極的に学び、活用していることをほめる。

なお、①に関して、まだ起こっていないことを問題にしていることに文句をいったり、「検討している問題は大した問題ではない」ということをいったりしないように注意してください。これは未然防止型の活動に対する最悪の指導・講評といえます。
また、「もう少し対策を絞ったらどうだ」といった指導・講評も行うのも控えるのがよいでしょう。未然防止型の活動は、今まで気づいていなかった問題を系統的に掘り起こし、これらに対する対策を抜け落ちなく実施

する取組みです。対策はどうしても多岐にわたります。当たり前の対策をきちんと打てていないとりこぼしによって事故・トラブルが発生していることが少なくないことを理解しておくのがよいでしょう。

Q10　未然防止活動は、改善と管理、どちらの活動なのですか

> 未然防止活動は、既知のノウハウの活用を失敗しないための活動と言われると、改善活動ではなく、管理のための活動なのかなという気もしますが、どう考えればよいのでしょうか。

　問題解決型QCストーリーや課題達成型QCストーリーは、「改善」のための手順をまとめたものです。改善は、職場の経営目標を達成し、メンバーが自己実現を図るための大切な活動です。しかし、改善だけを行っていても、良い成果は得られません。改善の結果として得られたノウハウを確実に業務のなかで活かし、達成した水準を維持していくことが必要です。これは「管理」とよばれます[1][3]。改善と管理は車の両輪で、片方だけでは次第に職場の活力が失われていきます（図7.6）。

　未然防止型QCストーリーは、プロセスに潜む起こりそうな問題を洗い出し、あらかじめ対策するための進め方を示しており、その意味では、問題解決型QCストーリーや課題達成型QCストーリーと同様、「改善」のための手順といってよいと思います。ただし、すでに職場にあるノウハウをうまく活用するための進め方を示しているという意味で捉えれば、「管理」のための手順ともいえます。

　組織の置かれている経営環境はますます大きく変化しています。お客様や社会のニーズが多様化するにつれて、製造・提供する製品・サービスの多品種少量化がどんどん進んでいます。また、それぞれの組織や職場の強みを活かすために、より多くの人・職場・組織が連携して業務を行うことが求められています。これらの変化に伴ってQCサークルに対して求められること、期待されることもますます広がる方向にあります。

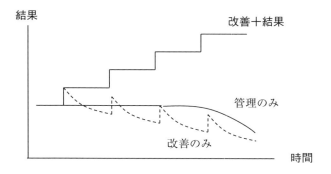

改善：目標を現在の水準やその延長線上より一段高いところに置き、プロセスと結果の関係を深く分析し、プロセスを大幅に変えることで目標を達成するために行う活動
管理：目標を現状の水準やその延長線上に置き、変化やその影響を抑えることで達成した状態を維持・継続させるために行う活動

図 7.6　改善と管理は車の両輪

お客様や社会のニーズに着実に応えていくためには、
① プロセスの標準化(標準の作成、教育・訓練、不遵守の防止、エラープルーフ化)
② 工程能力の評価と不足している工程能力の改善
③ プロセスで起こり得るトラブルの予測と未然防止
④ 効果的・効率的な検査・確認の実施
⑤ 変化点管理や管理項目による異常の迅速な検出と処置

などに職場全体で取り組んでいく必要があります[3]。これを確実に行うには、従来の枠に留まっていては難しいと思います。「新しいものにどんどん挑戦していくこと」「そのために必要な手順や手法を学び確実に活用できるようになること」「多くの仲間と連携・協力していくこと」が大切です。また、その過程を通して、一人ひとりや各サークル・職場が自己のもつ無限の可能性を引き出し、高い達成感を得ることができると思います。未然防止型 QC ストーリーがその入り口になることを願っています。

参 考 文 献

● 品質管理の基本を学ぶ
［１］ ㈳日本品質管理学会 監修、㈳日本品質管理学会標準委員会 編（2009）：『日本の品質を論じるための品質管理用語85』、日本規格協会。
［２］ ㈳日本品質管理学会 監修、㈳日本品質管理学会標準委員会 編（2011）：『日本の品質を論じるための品質管理用語 Part 2』、日本規格協会。
［３］ 中條武志・山田秀 編著、㈳日本品質管理学会標準委員会 編（2006）：『マネジメントシステムの審査・評価に携わる人のための TQM の基本』、日科技連出版社。
［４］ 細谷克也（1984）：『QC 的ものの見方・考え方』、日科技連出版社。

● QC ストーリーを学ぶ
［５］ 株式会社小松製作所粟津工場（1964）：「QC サークル運営の円滑化をはかるための手引書」、『品質管理』、Vol.15、No.4、pp.312 〜 321。
［６］ 細谷克也（1989）：『QC 的問題解決法』、日科技連出版社。
［７］ 狩野紀昭 監修、市川享司・国分正義 編（1994）：『課題達成型 QC ストーリー活用事例集—QC サークルの新しい挑戦』、pp.312 〜 321。
［８］ 狩野紀昭 監修、新田充 編（1999）：『QC サークルのための課題達成型 QC ストーリー—改訂第 3 版—』、日科技連出版社。
［９］ 細谷克也（2000）：『すぐわかる問題解決法—身につく！ 問題解決型・課題達成型・施策実行型』、日科技連出版社。
［10］ 山田佳明 編者、下田敏文・新倉健一 著（2012）：『QC ストーリーの基本と活用』、日科技連出版社。
［11］ ダイヤモンドシックスシグマ研究会 編著（1999）：『図解 コレならわかるシックスシグマ』、ダイヤモンド社。

[12] 中條武志(2010)：「ヒューマンエラーによるトラブル・事故を防ぐ(6)―未然防止活動を発表する 未然防止型QCストーリー」、『QCサークル』2010年6月号、No.587、pp.58～65。

●未然防止の考え方や方法を学ぶ

[13] 久米均(1981)：「新製品開発のあり方」、『品質管理』、Vol.32、No.9、pp.1152～1155。

[14] ㈳日本品質管理学会 監修、中條武志 著(2010)：『人に起因するトラブル・事故の未然防止とRCA―未然防止の観点からマネジメントを見直す』、日本規格協会。

[15] 一般社団法人 日本品質管理学会 監修、鈴木和幸 著(2013)：『信頼性・安全性の確保と未然防止』、日本規格協会。

[16] ジェームズ・リーズン 著、塩見弘 監訳、高野研一・佐相邦英 訳(1999)：『組織事故―起こるべくして起こる事故からの脱出』、日科技連出版社。

[17] 芳賀繁(2012)：『事故がなくならない理由―安全対策の落とし穴』、PHP研究所。

[18] ㈳日本品質管理学会 監修、野口和彦 著(2009)：『リスクマネジメント―目標達成を支援するマネジメント技術』、日本規格協会。

●手法を学ぶ

[19] 瀧沢幸男・遊馬一幸・小林孝・下田敏文・中條武志(2016)：「七つ道具を超えろ」、『QCサークル』2016年5月号、No.658、pp.9～22。

[20] 高原真 監修、栄口正孝・郷原正 著(2007)：『システム分析・改善のための業務フローチャートの書き方 改訂新版』、産能大出版部。

[21] 飯田修平 編著(2016)：『業務工程(フロー)図作成の基礎知識と活用事例【演習問題付き】』、日本規格協会。

[22] 星野匡(2005)：『発想法入門〈第3版〉』、日本経済新聞社。

[23] 高橋誠(2002)：『新編 創造力事典』、日科技連出版社。

[24] 中條武志・久米均(1985)：「作業のフールプルーフ化に関する研究—製造における予測的フールプルーフ化の方法—」、『品質』、Vol.15、No.1、pp.41〜50。

[25] 信頼性技術叢書編集委員会 監修、益田昭彦・高橋正弘・本田陽広 著(2012)：『新FMEA技法』、日科技連出版社。

●未然防止型QCストーリーの実践例を学ぶ

[26] タカノ株式会社・急吟着サークル(2010)：「受発注時のトラブルを防ごう 受発注業務の見える化」、『QCサークル』2010年5月号、No.586、pp.32〜35。

[27] コニカミノルタサプライズ関西株式会社・リバティーサークル(2015)：「故障リスク評価による現像材生産ライン故障の未然防止」、『QCサークル』2015年6月号、No.647、pp.16〜17。

[28] 福丸典芳・永田穂積(2013)：「未然防止を実践する 5.リスクに備えよう」、『QCサークル』2013年11月号、No.628、pp.52〜58。

[29] アクシアル リテイリング株式会社・ホップステップジャンプサークル(2016)：「品出し作業における切傷事故の防止」、『第94〜97回TQM発表大会 変革への挑戦』、アクシアル リテイリング、pp.18〜21。

[30] 株式会社コーセー・かすみ草サークル(2016)：「必要なのは今！ 学ぶが育てたサークルの和」、『第46回全日本選抜QCサークル大会(小集団改善活動)発表要旨集』、日本科学技術連盟、pp.71〜80。

索　引

【あ　行】

RPN（危険優先指数）　　6, 28, 35, 59, 60
RPNを求めるための点数づけの基準
　　36
安全を確保する　　11, 24
意図しないエラー（ヒューマンエラー）
　　18, 87
意図的な不遵守　　18, 67, 88
うっかりミス（ヒューマンエラー）　　10
SPN（対策優先指数）　　56
FMEA（失敗モード影響解析）　　6, 28, 33
FMEAをもっと簡単に行いたい　　96
エラープルーフ化の原理　　55

【か　行】

改善　　65, 105
　　――機会の発見　　27
課題　　iii
　　――達成型　　94
活動計画の策定　　20
活動を反省する　　77
管理　　65, 105
　　――不良　　86
危険源（ハザード）　　11
技術標準書　　65
技術不良　　86
機能ブロック図　　6, 28, 31

QCストーリー　　iv, 92
　　――を選ぶためのフローチャート
　　93
検出度　　35
現状の把握　　16
検討漏れ・不足　　3
効果の確認　　59
　　RPNによる――　　60
　　成果指標による――　　61
根本原因　　89
災害などに対する準備　　12, 26

【さ　行】

再発防止　　88
作業標準書　　64
事故・トラブルを引き起こすもの　　4
失敗の型（失敗モード）　　8, 29
失敗モード一覧表　　6, 28, 29
　　――（ヒューマンエラー）　　30
新製品の立上げ　　12, 25
水平展開　　43, 88
生産性を向上させる　　11
施策実行型　　94
設備の不具合・故障　　11, 17, 23

【た　行】

対策案を思い付かない状況　　45
対策案を評価・選定する場合によく陥る状況　　50

対策事例集　　7, 44, 48
対策の共有と水平展開　　43
対策の継続的な実施を確実にし、確認する　　67
対策発想チェックリスト　　7, 44, 45
　——（ヒューマンエラー）　　46
　——（設備不具合・故障）　　54
対策分析表　　7, 44, 50
対策を考える　　9, 44
対策案を発想するためのワークシート　　47
知識不足・スキル不足　　18, 87
致命度　　35
ツールを共有する　　66
DMAIC　　v
テーマ選定表　　15
テーマの選定　　14

【な　行】

ノウハウ　　2
能力の向上を評価する　　74

【は　行】

ハインリッヒの法則　　91
発生度　　35
反省と今後の課題　　73
ヒヤリハット活動　　90
ヒューマンエラー　　10, 18, 22, 24
標準化と管理の定着　　64
ブレーンストーミングの4つのルール　　49

プロセス　　iii
　——重視　　iv
　——フロー図　　6, 28, 31

【ま　行】

未然防止　　v, 8, 88
未然防止型QCストーリー　　5
　——による活動を指導する　　103
　——の適用場面　　9
　——の評価基準　　78
　——を発表する　　100
未然防止活動の必要性を理解してもらう　　94
未然防止型の活動の難しさ　　100
目標が達成できなかった場合　　62
目標の設定　　19
モグラたたき　　7
問題　　iii
問題解決　　iv, 2
　——型　　94
問題の種類　　17, 87
問題マップ　　81
問題を洗い出す　　8, 28

【ら　行】

リスク　　28
　——アセスメント　　90
　——の大きさを評価する　　35
　——への対応計画　　58
類似原因　　89

【著者紹介】

中條武志（なかじょう　たけし）

1979年　東京大学工学部反応化学科卒業
1986年　東京大学大学院工学系研究科博士課程修了
1991年　中央大学理工学部経営システム工学科専任講師
1996年　中央大学理工学部経営システム工学科教授（現職）

こんなにやさしい未然防止型QCストーリー

2018年2月26日　第1刷発行
2024年4月22日　第4刷発行

著　者　中　條　武　志
発行人　戸　羽　節　文

検印省略

発行所　株式会社 日科技連出版社
〒151-0051　東京都渋谷区千駄ヶ谷5-15-5
　　　　　DSビル
電　話　出版　03-5379-1244
　　　　営業　03-5379-1238

印刷・製本　河北印刷株式会社

Printed in Japan

© Takeshi Nakajo 2018
URL http://www.juse-p.co.jp/

ISBN978-4-8171-9641-5

本書の全部または一部を無断でコピー、スキャン、デジタル化などの複製をすることは著作権法上での例外を除き禁じられています。本書を代行業者等の第三者に依頼してスキャンやデジタル化することは、たとえ個人や家庭内での利用でも著作権法違反です。